Olatunde Salami

Justiça energética na transição para as energias renováveis

Olatunde Salami

Justiça energética na transição para as energias renováveis

Equilíbrio entre a atenuação das alterações climáticas e o acesso equitativo

ScienciaScripts

Imprint

Any brand names and product names mentioned in this book are subject to trademark, brand or patent protection and are trademarks or registered trademarks of their respective holders. The use of brand names, product names, common names, trade names, product descriptions etc. even without a particular marking in this work is in no way to be construed to mean that such names may be regarded as unrestricted in respect of trademark and brand protection legislation and could thus be used by anyone.

Cover image: www.ingimage.com

This book is a translation from the original published under ISBN 978-620-8-17078-3.

Publisher:
Sciencia Scripts
is a trademark of
Dodo Books Indian Ocean Ltd. and OmniScriptum S.R.L publishing group

120 High Road, East Finchley, London, N2 9ED, United Kingdom
Str. Armeneasca 28/1, office 1, Chisinau MD-2012, Republic of Moldova, Europe
Printed at: see last page
ISBN: 978-620-8-22779-1

Conteúdo

Resumo 3

2. Introdução 4

    2.1 Panorama da justiça energética 4

    2.2 Importância do acesso equitativo às energias renováveis 5

3. Compreender a justiça energética 7

    3.1 Definição de justiça energética 7

    3.2 Antecedentes históricos e evolução da justiça energética 8

4. Panorama atual do acesso à energia 11

    4.1 Disparidades energéticas globais: A divisão entre os que têm e os que não têm energia
.... 11

    4.2. A justiça energética e a transição para as energias renováveis: Uma espada de dois gumes 12

5. Iniciativas lideradas pela comunidade para a justiça energética 14

    5.1 Estudos de casos de sucesso de projectos comunitários no domínio da energia 14

    5.2 O papel dos movimentos de base na promoção da equidade 16

6. Quadros políticos para a justiça energética 18

    6.1 Países que lideram com políticas energéticas sustentáveis 18

    6.2 Importância das políticas energéticas inclusivas 20

    6.3 Exemplos de intervenções políticas bem sucedidas 21

7. O papel da tecnologia na promoção da justiça energética 24

    7.1 Inovações tecnológicas para alargar o acesso à energia 24

    7.2 Armazenamento de energia a preços acessíveis e modernização da rede 25

    7.3 Redes inteligentes e infra-estruturas digitais 27

    7.4 Estudos de caso: Como a tecnologia está a transformar o acesso em regiões mal servidas
.... 28

8. Desafios e barreiras à justiça energética 30

    8.1 Barreiras sistémicas e o seu impacto nas comunidades vulneráveis 30

    8.2 Análise dos desafios sociais, económicos e políticos 33

9. Recomendações políticas para uma transição energética equitativa 36

    9.1 Dar prioridade ao acesso à energia para as comunidades marginalizadas 36

    9.2 Garantir a inclusão na criação de emprego no sector das energias renováveis 37

    9.3 Reforçar a participação do público na tomada de decisões sobre energia 39

    9.4 Alavancar o financiamento internacional do clima para a justiça energética 40

10. Cooperação internacional e esforços globais de justiça energética 42

10.1 O papel das organizações internacionais 42

10.2 Parcerias transfronteiriças para a justiça energética 44

10.3 Movimentos globais de justiça energética e iniciativas da sociedade civil 46

11. O papel dos governos e do sector privado na garantia da justiça energética 48

11.1 O papel do governo na criação de uma transição energética equitativa 48

11.2. O papel do sector privado na promoção da justiça energética 49

11.3 Parcerias Público-Privadas para a Justiça Energética 50

11.4. Considerações éticas sobre o envolvimento do sector privado 52

11.5. A intersecção da justiça energética e da justiça climática 53

12. Estudos de caso sobre justiça energética 59

12.1 A indústria solar africana: Capacitação das comunidades rurais 59

12.2. Iniciativas solares comunitárias nos Estados Unidos 60

12.3. Cooperativas de energias renováveis na Europa 61

12.4. Projectos de energias renováveis liderados por indígenas 62

13. Direcções futuras para a investigação e a prática da justiça energética 64

13.1 Integração da justiça energética na política climática 64

13.2 Inovações tecnológicas para a equidade energética 65

13.3 Iniciativas lideradas pela comunidade e empoderamento 65

13.4 Inovações políticas e defesa de interesses 66

13.5 Medir o progresso no sentido da justiça energética 67

14. Conclusão 68

14.1 Principais conclusões 68

14.2 Reflexões finais 69

14.3 Convite à ação 69

Referências 70

Resumo

Este artigo de investigação examina o conceito crítico de justiça energética no contexto da transição global para as energias renováveis. À medida que as sociedades se esforçam por mitigar as alterações climáticas através de energia sustentável soluções, este estudo destaca a necessidade premente de abordar as disparidades existentes no acesso à energia, particularmente para as comunidades marginalizadas desproporcionalmente afectadas pela pobreza energética. Utilizando uma abordagem de métodos mistos que inclui revisões de literatura, estudos de caso e análise de políticas, o artigo explora as dimensões multifacetadas da justiça energética, enfatizando a importância do envolvimento da comunidade, inovações tecnológicas e estruturas políticas inclusivas. As principais conclusões revelam desigualdades significativas no acesso à energia e na participação na transição renovável, sublinhando a necessidade de intervenções direcionadas que dêem prioridade às populações vulneráveis. O artigo também oferece recomendações políticas acionáveis com o objetivo de promover o acesso equitativo às tecnologias de energias renováveis. Em última análise, esta investigação sublinha a importância da integração da justiça energética nas políticas climáticas para promover um futuro energético sustentável e inclusivo, defendendo esforços de colaboração entre as partes interessadas para desmantelar as barreiras ao acesso à energia.

2. Introdução

O mundo está a enfrentar uma revolução energética. À medida que as realidades das alterações climáticas se tornam mais prementes, o abandono dos combustíveis fósseis e a adoção de energias renováveis tornaram-se essenciais para o futuro do nosso planeta. A energia solar, eólica e outras fontes renováveis prometem um mundo mais limpo, mas também trazem consigo um novo conjunto de desafios - especialmente no que diz respeito à equidade. A grande questão que se coloca é: Como é que podemos combater as alterações climáticas sem deixar ninguém para trás?

2.1 Panorama da justiça energética

É aqui que entra o conceito de **justiça energética**. A justiça energética é mais do que apenas reduzir as emissões; trata-se de garantir que todos - independentemente do local onde vivem, do dinheiro que ganham, da raça ou do género - possam ter acesso aos benefícios deste mundo mais limpo e mais verde. Trata-se de corrigir os desequilíbrios a que assistimos atualmente, em que algumas pessoas lutam para manter a luz acesa, enquanto outras têm acesso abundante a energia limpa. Em muitos casos, as pessoas que são mais afectadas pela poluição e pela degradação ambiental são as mesmas que têm menos probabilidades de beneficiar dos sistemas de energia renovável.

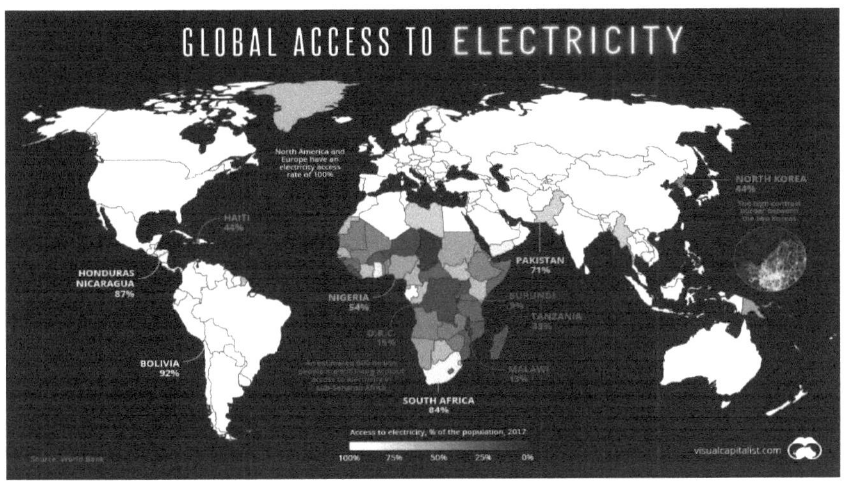

Figura 1: Realçar o âmbito geográfico da desigualdade energética e a necessidade urgente de um acesso equitativo à energia em várias regiões

2.2 Importância do acesso equitativo às energias renováveis

À medida que aceleramos os esforços para reduzir as emissões de carbono e fazer a transição para as energias renováveis, torna-se claro que esta mudança não tem apenas a ver com tecnologia ou mercados - tem a ver com pessoas. Muitas comunidades em todo o mundo ainda estão a lutar com o acesso básico à energia, enquanto outras estão a ver as suas economias perturbadas com o desaparecimento dos empregos ligados aos combustíveis fósseis. Se não prestarmos atenção a estes impactos humanos, a transição para as energias renováveis arrisca-se a aprofundar as desigualdades existentes em vez de as corrigir.

Este artigo mergulha no cerne deste desafio. Explora a forma como podemos equilibrar a necessidade urgente de enfrentar as alterações climáticas com a necessidade igualmente urgente de garantir que todos beneficiam da transição para as energias renováveis. Através da lente da justiça energética, exploraremos os impactos sociais e económicos desta mudança, as políticas que estão a ser desenvolvidas para proteger as comunidades vulneráveis e as tecnologias inovadoras que poderão ajudar a colmatar a lacuna energética.

O objetivo é construir uma imagem do que poderia ser uma transição justa e equitativa. Examinaremos exemplos do mundo real, com base em estudos de casos de países que estão a liderar o processo, bem como daqueles que ainda se esforçam por recuperar o atraso. No final desta exploração, teremos uma ideia mais clara do que está em jogo nesta transição renovável - não apenas para o planeta, mas para as pessoas que o habitam.

3. Compreender a justiça energética

3.1 Definição de justiça energética

Na sua essência, a justiça energética tem a ver com equidade - acesso justo à energia, tratamento justo das pessoas afectadas pelos sistemas energéticos e participação justa nas decisões sobre a produção e distribuição de energia. Mas este conceito também toca em questões mais profundas e sistémicas como a raça, a pobreza e a desigualdade ambiental. O objetivo da justiça energética não é apenas criar um futuro energético sustentável, mas também garantir que esse futuro seja inclusivo e beneficie todos, especialmente aqueles que historicamente têm sido marginalizados ou desfavorecidos.

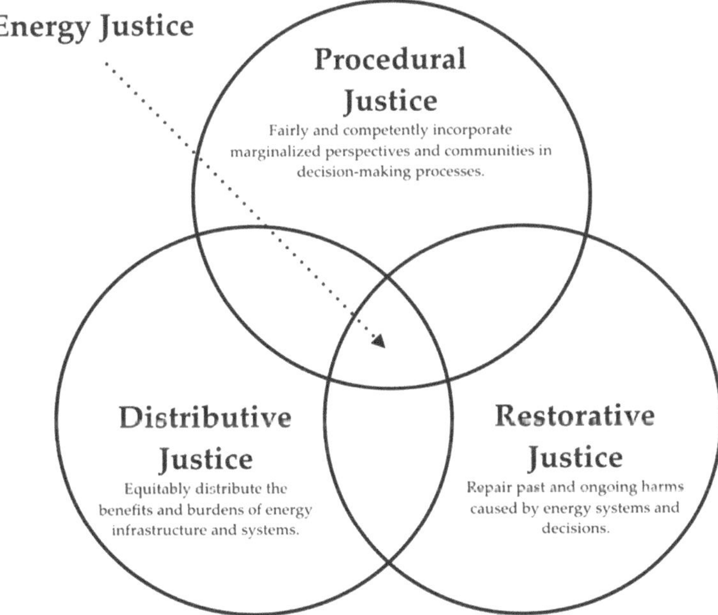

Figura 2: Um diagrama visual que explica as três dimensões centrais da justiça energética (distributiva, processual e de reconhecimento da justiça). Por Energies 2021, 14, 1687

3.2 Antecedentes históricos e evolução da justiça energética

A justiça energética tem as suas raízes nos movimentos de justiça ambiental das décadas de 1980 e 1990, impulsionados em grande parte por comunidades de cor e grupos de baixos rendimentos nos Estados Unidos. Estes movimentos surgiram em resposta ao peso desproporcionado dos riscos ambientais para estas populações, como o despejo de resíduos tóxicos e a poluição industrial. À medida que os activistas salientavam a ligação entre os danos ambientais e a desigualdade social, tornou-se claro que os mesmos grupos afectados pela injustiça ambiental eram também afectados de forma desproporcionada pelas decisões energéticas.

Um caso marcante foram os protestos de 1982 no condado de Warren, Carolina do Norte, onde uma comunidade predominantemente afro-americana se opôs à construção de um aterro de resíduos tóxicos na sua área. Embora os protestos não tenham conseguido travar o projeto, galvanizaram o movimento de justiça ambiental. Com o passar do tempo, a justiça energética surgiu como um objetivo específico, reconhecendo os encargos desproporcionados com a energia que recaem sobre as comunidades vulneráveis - quer através das elevadas facturas dos serviços públicos, da falta de acesso a energia limpa ou da exposição à poluição das indústrias de combustíveis fósseis.

3.2.1 Princípios fundamentais da justiça energética

A justiça energética baseia-se em três princípios fundamentais: **justiça distributiva**, **justiça processual** e **justiça de reconhecimento**. Estes princípios dizem respeito não só à forma como os recursos energéticos são distribuídos, mas também à forma como as decisões são tomadas e às vozes que são ouvidas no processo.

1. **Justiça distributiva**: Quem beneficia dos sistemas energéticos e quem suporta os custos? Em muitas regiões, os mais ricos beneficiam de energia estável e a preços acessíveis, enquanto as comunidades mais pobres pagam uma proporção mais elevada do seu rendimento pela energia ou sofrem de um acesso não fiável. De acordo com a Agência Internacional da Energia (AIE), mais de 700 milhões de pessoas em todo o mundo ainda vivem sem eletricidade, estando a maioria concentrada na África Subsariana e em partes do Sul da Ásia. Estas pessoas enfrentam o que é conhecido como **pobreza energética - uma** falta de energia fiável, acessível e limpa, que restringe a sua

capacidade de melhorar as condições de vida, aceder à educação e desenvolver economias locais.

Exemplo: Na Nigéria, a falta de eletricidade na rede obriga muitas famílias a depender de geradores caros e poluentes para obter energia. Dados do Banco Mundial mostram que o agregado familiar nigeriano médio gasta até 30% do seu rendimento em energia, o que constitui um dos encargos mais elevados do mundo em termos de custos energéticos. Ao mesmo tempo, as zonas urbanas mais ricas têm acesso a uma eletricidade mais estável, criando um fosso acentuado no acesso à energia, mesmo dentro do mesmo país.

2. **Justiça processual**: Quem tem uma palavra a dizer nas decisões relacionadas com a energia? Demasiadas vezes, as decisões sobre o local onde a infraestrutura energética é construída - quer se trate de centrais eléctricas a carvão ou de parques solares - são tomadas sem uma contribuição significativa das comunidades mais afectadas. A justiça processual procura resolver este desequilíbrio, assegurando que todos os intervenientes, especialmente os grupos marginalizados, são incluídos nos processos de tomada de decisões sobre energia. Isto é particularmente importante nas comunidades indígenas, onde os projectos de energia são frequentemente desenvolvidos em terras ancestrais sem a devida consulta ou consentimento.

Exemplo: No México, as comunidades indígenas de Oaxaca protestaram contra a construção de grandes parques eólicos nas suas terras, argumentando que não foram devidamente consultadas e que os projectos perturbaram o seu modo de vida. Apesar da promessa de energia limpa, estas comunidades enfrentaram deslocações e alterações ambientais sem receberem os benefícios da energia renovável produzida na sua região.

3. **Justiça de reconhecimento**: Este princípio exige o reconhecimento das desigualdades históricas e sociais nos sistemas energéticos. Envolve o reconhecimento dos direitos específicos de grupos marginalizados, como povos indígenas, mulheres e comunidades de baixa renda, e a garantia de que suas necessidades específicas sejam atendidas na política energética. Se não o fizer, pode perpetuar injustiças e deixar as populações vulneráveis ainda mais para trás na transição energética.

Exemplo: Nos Estados Unidos, o reconhecimento da justiça é evidente no impulso para a soberania tribal sobre os recursos energéticos nas terras dos nativos americanos. Tribos como a Nação Navajo, cujas terras são ricas em carvão, têm sido historicamente excluídas das decisões sobre a produção de energia. À medida que os EUA se orientam para as energias renováveis, há agora um movimento crescente para garantir que as tribos possam controlar e beneficiar dos projectos de energias renováveis nas suas terras.

4. Panorama atual do acesso à energia

4.1 Disparidades energéticas globais: A divisão entre os que têm e os que não têm energia

O acesso à energia é um dos indicadores mais claros da desigualdade em todo o mundo. De acordo com o **Banco Mundial**, enquanto 99% das pessoas nos países de elevado rendimento têm acesso à eletricidade, este número desce drasticamente nos países de baixo rendimento, particularmente nas zonas rurais. Na África subsaariana, por exemplo, apenas cerca de 48% da população tem acesso à eletricidade e, em algumas regiões rurais, esse número desce para 10%.

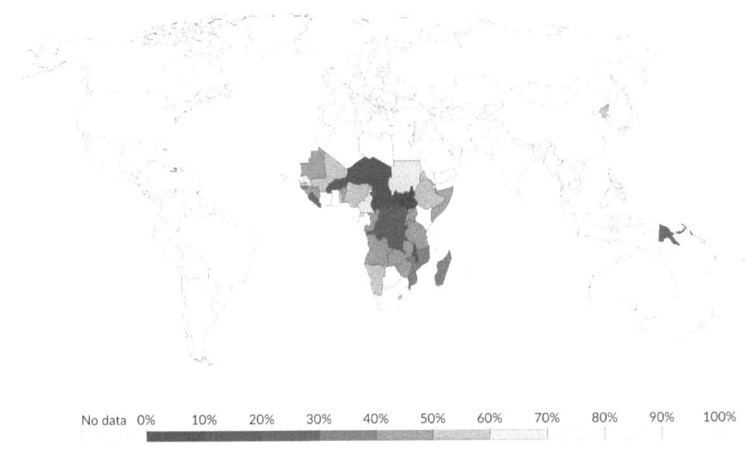

Figura 3: Fosso no acesso à energia em várias regiões

O Objetivo de Desenvolvimento Sustentável 7 (ODS 7) das Nações Unidas visa garantir o acesso a energia moderna, fiável e a preços acessíveis para todos até 2030. No entanto, ao ritmo atual, estima-se que **660 milhões de pessoas** ainda não terão eletricidade em 2030. O acesso à energia está profundamente ligado ao desenvolvimento económico, aos resultados de saúde e às oportunidades educativas, criando um ciclo vicioso em que a pobreza energética reforça as desigualdades sociais e económicas mais amplas.

Exemplo: Na Índia, apesar dos grandes progressos na eletrificação das zonas rurais, milhões de pessoas ainda não dispõem de energia fiável. Muitos agregados familiares recentemente electrificados recebem energia apenas durante algumas horas por dia, o que dificulta a utilização da eletricidade para fins económicos ou educativos. As mulheres, em particular, suportam o peso da pobreza energética, uma vez que passam frequentemente horas a recolher lenha ou outros combustíveis para cozinhar, o que limita a sua capacidade de prosseguir a educação ou actividades geradoras de rendimentos.

4.2. A justiça energética e a transição para as energias renováveis: Uma espada de dois gumes

A mudança global para as energias renováveis é essencial para reduzir as emissões de gases com efeito de estufa e enfrentar as alterações climáticas, mas também corre o risco de reproduzir as desigualdades existentes. Sem um planeamento cuidadoso, os projectos de energias renováveis podem beneficiar desproporcionadamente as regiões mais ricas e marginalizar as populações vulneráveis.

Exemplo: No Quénia, o desenvolvimento do projeto Lake Turkana Wind Power - o maior parque eólico de África - gerou controvérsia sobre os direitos fundiários e a exclusão das comunidades locais dos processos de tomada de decisão. Embora o projeto prometa fornecer 17% da eletricidade do país, muitas comunidades indígenas da região foram deslocadas e não viram os benefícios económicos do projeto. Este facto realça a importância de garantir que os projectos de energias renováveis respeitem os direitos fundiários locais e incluam as comunidades no processo de planeamento.

Ao mesmo tempo, a transição para as energias renováveis oferece oportunidades para abordar a justiça energética se for abordada com a equidade em mente. Os sistemas de energia descentralizados - como os sistemas solares domésticos, as mini-redes e as soluções renováveis fora da rede - têm o potencial de fornecer energia limpa e económica a áreas remotas que não estão ligadas às redes nacionais.

Exemplo: No Bangladesh, o programa Solar Home Systems (SHS) levou eletricidade a mais de 4 milhões de agregados familiares rurais, demonstrando como as soluções renováveis de pequena escala podem ultrapassar os sistemas de energia tradicionais e proporcionar benefícios imediatos às comunidades carenciadas. O programa SHS também criou postos de trabalho locais e deu poder às mulheres, proporcionando formação e oportunidades de emprego na manutenção e instalação de sistemas.

5. Iniciativas lideradas pela comunidade para a justiça energética

A obtenção de justiça energética começa frequentemente a nível comunitário, onde as iniciativas de base são impulsionadas pelas necessidades locais e por soluções adaptadas. Os projectos energéticos comunitários são particularmente impactantes em áreas marginalizadas, capacitando as populações locais para assumirem o controlo do seu futuro energético. Esta secção explora estudos de casos de sucesso de projectos energéticos comunitários e examina o papel fundamental que os movimentos de base desempenham na promoção da equidade na transição energética.

5.1 Estudos de casos de sucesso de projectos comunitários no domínio da energia

As iniciativas energéticas lideradas pela comunidade surgiram como ferramentas poderosas para resolver as desigualdades no acesso à energia, especialmente em regiões mal servidas. Estes projectos não só levam a energia renovável às comunidades desfavorecidas, como também promovem o crescimento económico local, a sustentabilidade ambiental e a coesão social. Seguem-se vários estudos de caso que destacam o sucesso de tais projectos:

- **Bürgerwindparks (Parques Eólicos dos Cidadãos) da Alemanha**: Um dos exemplos mais bem sucedidos de projectos comunitários de energia vem da Alemanha, onde os cidadãos locais se apropriaram de parques eólicos através da iniciativa Bürgerwindparks. Estes parques eólicos liderados por cidadãos permitem às comunidades possuir e gerir os seus próprios activos de energia renovável, gerando energia e lucros que permanecem na comunidade. O modelo permitiu aos residentes rurais e de pequenas cidades investir em projectos locais de energia eólica, promovendo a autonomia energética, reduzindo os custos da energia e criando empregos locais. Esta abordagem descentralizada à produção de energia tem sido um fator crítico da transição para as energias renováveis na Alemanha.

- **Solar Sisters (África Oriental)**: A Solar Sisters é uma empresa social liderada por mulheres que opera em países da África Oriental, como o Uganda, a

Tanzânia e a Nigéria. A iniciativa centra-se na capacitação das mulheres, dando-lhes formação para se tornarem empresárias no sector da energia solar, fornecendo soluções de energia limpa a comunidades rurais fora da rede. Através do microempresariado, a Solar Sisters ajuda a combater a pobreza energética, promovendo simultaneamente a igualdade de género e o desenvolvimento económico. A iniciativa teve um impacto significativo na melhoria do acesso a produtos solares a preços acessíveis, na criação de milhares de empresas lideradas por mulheres e na redução da dependência de combustíveis nocivos como o querosene.

- **A Autoridade Tribal de Serviços Públicos de Navajo (Estados Unidos)**: Nos Estados Unidos, a Nação Navajo há muito que se debate com a pobreza energética, com cerca de 15.000 casas sem acesso à eletricidade. A Navajo Tribal Utility Authority (NTUA) lançou um programa de energia renovável para fornecer energia solar a casas fora da rede em toda a vasta reserva Navajo. Em parceria com agências federais e empresas privadas de energia solar, a NTUA está a instalar sistemas solares fora da rede em casas demasiado remotas para serem ligadas à rede. Esta iniciativa não só melhora o acesso à energia, como também promove a independência energética do povo Navajo, apoiando a sustentabilidade a longo prazo e reduzindo os danos ambientais.

- **Community Power Cornwall (Reino Unido)**: A Community Power Cornwall é uma cooperativa do Reino Unido dedicada à produção de energia renovável a partir de recursos locais. A cooperativa explora turbinas eólicas e painéis solares, sendo as receitas geradas reinvestidas em projectos comunitários locais e em novos desenvolvimentos no domínio das energias renováveis. Ao promover a apropriação da energia renovável pela comunidade, a iniciativa ajudou a reduzir os custos da energia, a reter os benefícios económicos locais e a envolver os residentes locais na transição energética. Constituiu também um modelo para outras comunidades do Reino Unido que procuram democratizar os seus sistemas energéticos.

Cada um destes estudos de caso demonstra como as iniciativas energéticas lideradas pela comunidade podem fornecer soluções energéticas equitativas e sustentáveis. Estes projectos envolvem frequentemente a participação local, fomentando um sentido de propriedade e de capacitação no seio da comunidade, assegurando simultaneamente que os benefícios das energias renováveis são partilhados de forma equitativa.

5.2 O papel dos movimentos de base na promoção da equidade

Os movimentos de base desempenham um papel essencial no avanço da justiça energética, mobilizando as comunidades, aumentando a consciencialização e pressionando por mudanças políticas que dêem prioridade às necessidades dos grupos marginalizados. Estes movimentos são frequentemente os primeiros a destacar as injustiças no acesso à energia e a defender soluções equitativas que abordem as causas profundas da desigualdade energética.

- **Defender a mudança de políticas**: Os movimentos de base são fundamentais para pressionar os governos e as instituições a adoptarem políticas energéticas mais inclusivas. Movimentos como a *Just Transition Alliance* nos Estados Unidos e *a Power for All* a nível global têm trabalhado para trazer as vozes das comunidades de baixos rendimentos, dos povos indígenas e de outros grupos marginalizados para a linha da frente das discussões sobre políticas energéticas. Esses movimentos exigem uma transição justa que não se concentre apenas na descarbonização, mas também na equidade social, garantindo que as populações vulneráveis não sejam deixadas para trás na transição energética.

- **Promover a participação local**: Os movimentos de base são frequentemente orientados para a comunidade, envolvendo os residentes locais na conceção, implementação e gestão de projectos de energias renováveis. Ao promoverem a participação a nível local, estes movimentos asseguram que as soluções energéticas respondem às necessidades e desafios específicos das comunidades que servem. Esta abordagem de baixo para cima ajuda a contrabalançar as políticas de cima para baixo que podem, por vezes, ignorar as necessidades das populações marginalizadas.

- **Educação e Capacitação**: Um dos principais papéis dos movimentos de base é educar as comunidades sobre a justiça energética e os benefícios das energias renováveis. Estes movimentos organizam frequentemente workshops, programas de formação e campanhas de sensibilização do público para informar as pessoas sobre práticas energéticas sustentáveis, incentivos financeiros para as energias renováveis e os seus direitos de acesso a energia limpa e a preços acessíveis. Ao desenvolverem capacidades a nível local, as organizações de base ajudam as comunidades a tornarem-se defensoras do seu próprio futuro energético.

- **Desafiando o poder corporativo**: Muitos movimentos de base também desafiam o domínio das grandes empresas de serviços públicos e os interesses dos combustíveis fósseis no sector da energia. Movimentos como o *Reclaim the Power* no Reino Unido e a *Indigenous Environmental Network* na América do Norte fazem campanhas activas contra os sistemas energéticos que dão prioridade aos lucros das empresas em detrimento do bem-estar da comunidade. Estes movimentos defendem sistemas energéticos descentralizados, a propriedade comunitária e políticas que responsabilizem as empresas pelos danos ambientais e sociais causados pelas suas operações.

- **Promover a democracia energética**: Um aspeto fundamental dos movimentos de base é o impulso para a democracia energética, a ideia de que as comunidades devem ter controlo sobre os seus recursos energéticos e processos de tomada de decisões. As iniciativas de democracia energética procuram criar um sistema energético mais participativo, transparente e equitativo, promovendo a propriedade comunitária de projectos de energias renováveis, a produção descentralizada de energia e um maior envolvimento na elaboração de políticas. Estes esforços não só promovem a equidade como também ajudam a construir sistemas energéticos mais resistentes e sustentáveis.

Os movimentos de base, pela sua própria natureza, são conduzidos pelas pessoas mais afectadas pela injustiça energética. Os seus esforços de defesa, educação e organização são essenciais para a criação de sistemas energéticos mais equitativos e inclusivos. Ao elevar as vozes das comunidades marginalizadas e desafiar as estruturas de poder existentes, estes movimentos ajudam a garantir que os benefícios da transição para as energias renováveis sejam distribuídos de forma justa.

6. Quadros políticos para a justiça energética

A transição energética exige quadros políticos sólidos que dêem prioridade não só à mudança para as energias renováveis, mas também à distribuição equitativa dos seus benefícios. A justiça energética deve estar no centro da elaboração de políticas para garantir que as populações mais vulneráveis não sejam deixadas para trás nesta transição. Esta secção examina a importância de políticas energéticas inclusivas e fornece exemplos de intervenções bem sucedidas que ajudaram a promover a equidade no acesso à energia.

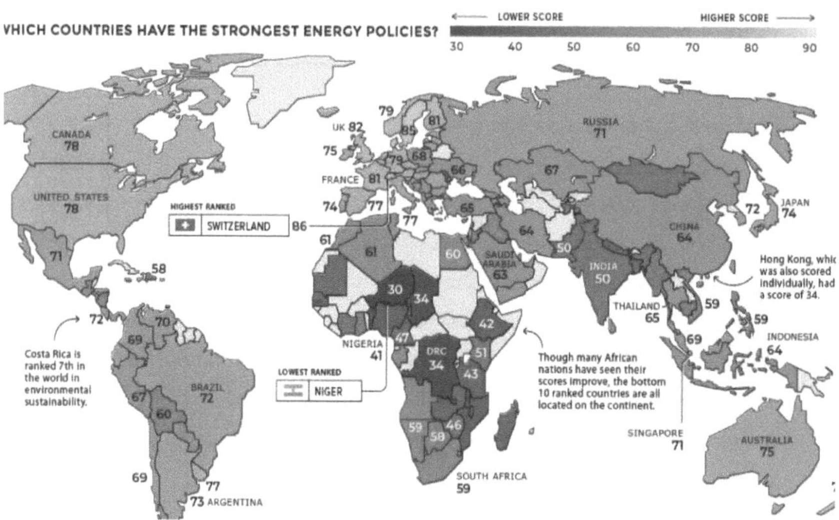

Figura 4: Um mapa que mostra países ou regiões com políticas de justiça energética bem-sucedidas, destacando as melhores práticas e inovações políticas que levaram a um melhor acesso à energia.

6.1 Países líderes em políticas de energia sustentável

O abastecimento e a distribuição equitativa de energia continuam a ser um dos desafios globais mais críticos da atualidade. À medida que o mundo se confronta com a dupla crise da desigualdade energética e das alterações climáticas, as políticas energéticas sustentáveis tornaram-se essenciais para garantir que ninguém é deixado para trás na transição para um futuro de energias renováveis.

Atualmente, quase mil milhões de pessoas não têm acesso básico à eletricidade, enquanto muitas outras têm ligações pouco fiáveis através de cabos improvisados ou sofrem frequentes cortes de energia. Estas disparidades energéticas reflectem profundas desigualdades socioeconómicas. Entretanto, um movimento global crescente, composto por grupos da sociedade civil, activistas e decisores políticos com visão de futuro, insta os governos e as empresas a adoptarem práticas energéticas mais sustentáveis que equilibrem a equidade energética, a sustentabilidade ambiental e o crescimento económico.

Uma ferramenta fundamental para medir o progresso dos países nesta área é o **Índice do Trilema da Energia do Conselho Mundial da Energia (CME)**, que classifica as nações com base na solidez das suas políticas em três áreas vitais: **segurança energética**, **equidade energética** e **sustentabilidade ambiental**.

6.1.1 O quadro do trilema da energia

O Índice do Trilema da Energia destaca três dimensões críticas que os países devem percorrer para criar um sistema energético equilibrado, justo e sustentável:

1. **Segurança energética**

   A segurança energética refere-se à capacidade de uma nação para satisfazer as suas necessidades energéticas actuais e futuras de forma fiável, assegurando simultaneamente um mínimo de perturbações durante as crises ou os choques do sistema. Para a justiça energética, esta dimensão é particularmente relevante porque considera a estabilidade e a resiliência a longo prazo das infra-estruturas energéticas. As nações com políticas de segurança energética fortes gerem eficazmente as fontes de energia internas e externas, assegurando que as comunidades - incluindo as que se encontram em áreas remotas ou marginalizadas - não ficam isoladas durante perturbações energéticas ou conflitos geopolíticos.

2. **Equidade energética**

A equidade energética mede a capacidade de um país para fornecer acesso universal a energia fiável, acessível e suficiente a todos os cidadãos, independentemente do seu estatuto socioeconómico. Isto inclui o acesso à eletricidade e a tecnologias de cozinha limpas, preços de energia acessíveis e o fornecimento de energia a níveis que promovam oportunidades económicas. No contexto da justiça energética, esta dimensão é fundamental porque se concentra em garantir que os benefícios da energia sejam acessíveis a todos, especialmente às populações carenciadas que frequentemente suportam o peso da pobreza energética. Os países que obtêm resultados elevados em termos de equidade energética têm políticas destinadas a reduzir o fosso entre os ricos e os pobres em energia, garantindo que as comunidades vulneráveis não são deixadas para trás na transição energética global.

3. **Sustentabilidade ambiental**

A sustentabilidade ambiental aborda os progressos de um país na descarbonização do seu sistema energético e na atenuação dos danos ambientais, nomeadamente face às alterações climáticas. Esta dimensão centra-se no aumento da eficiência da produção, transmissão e distribuição de energia, bem como na redução das emissões de carbono e na melhoria da qualidade do ar. As políticas que dão prioridade à sustentabilidade ambiental são fundamentais para alcançar a justiça energética, uma vez que promovem o bem-estar a longo prazo, garantindo que os sistemas energéticos que alimentam as sociedades actuais não prejudicam irremediavelmente as gerações futuras ou o planeta. Os países que ocupam uma posição de destaque nesta dimensão estão a liderar o caminho na adoção de tecnologias de energia limpa e na definição de objectivos ambiciosos para a descarbonização.

6.2 Importância das políticas energéticas inclusivas

As políticas energéticas inclusivas são fundamentais para resolver as desigualdades que frequentemente caracterizam a distribuição e o acesso à energia. Tradicionalmente, as políticas energéticas têm-se centrado no desenvolvimento de infra-estruturas e mecanismos de mercado, ignorando frequentemente as necessidades das comunidades marginalizadas. No entanto, as políticas energéticas equitativas podem ajudar a colmatar esta lacuna, assegurando que as soluções de energias renováveis são acessíveis a todos, incluindo as populações rurais e de baixos rendimentos.

Os principais aspectos das políticas energéticas inclusivas incluem:

- **Acessibilidade**: As políticas que garantem que as energias renováveis são acessíveis às famílias com rendimentos mais baixos podem ajudar a reduzir a pobreza energética.

- **Acessibilidade**: A promoção de infra-estruturas energéticas em zonas mal servidas, como as comunidades rurais ou remotas, garante que todos os cidadãos tenham acesso a energia limpa.

- **Participação**: As políticas energéticas inclusivas incentivam a participação ativa das comunidades afectadas nos processos de tomada de decisão. Isto garante que as políticas sejam adaptadas às necessidades e desafios locais, promovendo um sentimento de apropriação entre as comunidades.

- **Equidade na distribuição de benefícios**: As políticas energéticas devem garantir que os benefícios das energias renováveis - tais como a criação de emprego, melhores resultados na área da saúde e custos energéticos mais baixos - sejam distribuídos de forma equitativa, especialmente para aqueles que têm sido historicamente marginalizados.

Ao incorporar estes princípios, as políticas inclusivas podem promover a justiça energética, garantindo que a transição para as energias renováveis seja não só ambientalmente sustentável, mas também socialmente equitativa.

6.3 Exemplos de intervenções políticas bem sucedidas

Várias intervenções políticas a nível mundial integraram com sucesso os princípios da justiça energética nas suas estratégias de energias renováveis. Abaixo estão alguns exemplos que destacam como as políticas inclusivas podem promover a equidade na transição energética:

- **Iniciativa Solar da Califórnia (Estados Unidos)**: Esta política tinha como objetivo levar a energia solar aos agregados familiares com baixos rendimentos, oferecendo incentivos financeiros para a instalação de painéis solares. Através dos programas *Single-family Affordable Solar Homes (SASH)* e *Multifamily Affordable Solar Housing (MASH)*, a Califórnia assegurou que as comunidades economicamente desfavorecidas pudessem participar na revolução da energia solar. A iniciativa não só reduziu os custos de energia para as famílias com baixos rendimentos, como também criou oportunidades de emprego nestas comunidades.

- **Política de energias renováveis a favor dos pobres no Quénia**: A aposta do Quénia na eletrificação rural através das energias renováveis, em particular a energia solar, tem sido um fator de mudança no panorama energético do país. O governo, em parceria com empresas privadas, desenvolveu políticas que tornam as energias renováveis mais económicas e acessíveis às populações rurais. Os kits solares subsidiados e os esquemas de microfinanciamento permitiram que as famílias rurais passassem da energia tradicional de biomassa para fontes de energia limpas.

- **Lei das Energias Renováveis da Alemanha (EEG)**: O quadro político pioneiro da *Energiewende* na Alemanha enfatiza a propriedade comunitária de projectos de energias renováveis. Ao encorajar a participação dos cidadãos e a produção descentralizada de energia, a EEG permitiu que as comunidades, cooperativas e municípios desempenhassem um papel ativo na transição para as energias renováveis na Alemanha. Uma parte significativa da capacidade de energia renovável do país é agora propriedade da comunidade, assegurando que os benefícios são partilhados localmente.

- **Programa de Aquisição de Produtores Independentes de Energia Renovável da África do Sul (REIPPPP)**: Este programa foi concebido para promover as energias renováveis, assegurando simultaneamente que os benefícios sociais e económicos da transição energética sejam amplamente distribuídos. O REIPPPP exige que os projectos de energias renováveis contribuam para o desenvolvimento das comunidades locais, investindo na educação, nos cuidados de saúde e na criação de emprego. A política assegura que os grupos economicamente desfavorecidos beneficiem da expansão das energias renováveis na África do Sul.

Cada um destes exemplos demonstra como as intervenções políticas que dão prioridade à inclusão podem promover a justiça energética. Ao conceber políticas energéticas que respondam às necessidades das comunidades marginalizadas, os governos podem ajudar a garantir que a transição para as energias renováveis seja justa, equitativa e sustentável.

7. O papel da tecnologia na promoção da justiça energética

A inovação tecnológica é uma força motriz na transformação do panorama energético global e desempenha um papel crucial no avanço da justiça energética. Desde a expansão do acesso à energia até ao desenvolvimento de soluções de energia renovável a preços acessíveis, a tecnologia é fundamental para garantir que todas as comunidades, particularmente as historicamente marginalizadas, possam beneficiar da transição para um futuro de energia limpa. Ao reduzir o fosso energético e tornar os sistemas energéticos mais eficientes e inclusivos, a tecnologia pode ajudar a criar um sistema energético mais equitativo.

7.1 Inovações tecnológicas para alargar o acesso à energia

Um dos maiores desafios para alcançar a justiça energética é alargar o acesso à energia a regiões mal servidas, particularmente em zonas rurais e remotas onde a infraestrutura de rede tradicional é impraticável ou demasiado dispendiosa. Os avanços nas tecnologias fora da rede, como os sistemas solares domésticos e as mini-redes, surgiram como soluções críticas para chegar a essas áreas.

> **Exemplo**: Na África subsaariana, a empresa **d.light** foi pioneira na utilização de sistemas solares domésticos para levar eletricidade a preços acessíveis a agregados familiares fora da rede. A empresa já vendeu mais de **30 milhões de produtos solares**, fornecendo eletricidade a mais de **100 milhões de pessoas** em **70 países**. Isto melhorou significativamente a qualidade de vida das famílias com baixos rendimentos, permitindo-lhes utilizar energia limpa para iluminação, carregamento de telemóveis e pequenos electrodomésticos.

De acordo com a **Agência Internacional de Energia (AIE)**, cerca de **770 milhões de** pessoas em todo o mundo ainda não têm acesso à eletricidade, vivendo a maioria na África Subsariana e no Sul da Ásia. No entanto, os sistemas solares descentralizados podem ajudar a fornecer energia a **265 milhões de pessoas** até 2030, reduzindo drasticamente o número de pessoas sem acesso à eletricidade.

As inovações tecnológicas também estão a ajudar a baixar o custo do acesso à energia. Os avanços no armazenamento de baterias, por exemplo, tornaram possível armazenar energia solar para utilização durante a noite, reduzindo a dependência de geradores a gasóleo e aumentando a disponibilidade de energia renovável. Este facto tem um impacto especial nas comunidades com baixos rendimentos que podem ter dificuldades com o elevado custo das fontes de energia tradicionais.

Exemplo: Na Índia, a **Fundação SELCO** está a utilizar sistemas de baterias alimentados por energia solar a preços acessíveis para fornecer eletricidade ininterrupta a escolas, hospitais e pequenas empresas em regiões remotas. Ao combinar painéis solares com armazenamento de baterias, a SELCO garante que os serviços essenciais podem funcionar mesmo em áreas sem ligação à rede, melhorando os resultados da educação e dos cuidados de saúde.

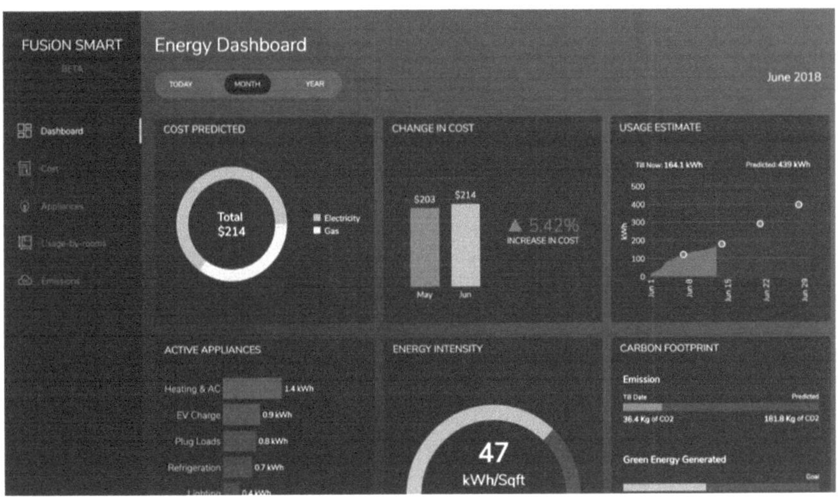

Figura 5: foto de um painel de controlo inteligente de energia como ferramentas digitais que facilitam o acesso e a eficiência energética, ilustrando o seu papel na promoção da justiça energética. (imagem de Fusion Smart)

7.2 Armazenamento de energia a preços acessíveis e modernização da rede

À medida que a transição para as energias renováveis se acelera, o armazenamento de energia e a modernização da rede tornaram-se essenciais para a integração de fontes de energia intermitentes, como a solar e a eólica. As tecnologias de armazenamento de energia a preços acessíveis, como as baterias de iões de lítio e soluções emergentes como as baterias de fluxo, estão a tornar possível armazenar o excesso de energia renovável para utilização durante os picos de procura ou quando a luz solar e o vento não estão disponíveis. Isto reduz a necessidade de sistemas de reserva de combustíveis fósseis e garante que a energia renovável possa ser fornecida de forma mais fiável às comunidades.

> **Exemplo**: Na Califórnia, a **instalação de armazenamento de energia de Moss Landing** é o maior projeto de armazenamento de energia em bateria do mundo, com uma capacidade de **1.200 megawatts (MW)**. Esta instalação pode armazenar energia renovável suficiente para alimentar centenas de milhares de casas durante períodos de grande procura, ajudando a estabilizar a rede e a reduzir a dependência das centrais eléctricas a gás natural.

De acordo com um relatório da **BloombergNEF**, o custo das baterias de iões de lítio baixou quase **90%** na última década, tornando os sistemas de energias renováveis com armazenamento muito mais acessíveis. Até 2030, espera-se que a capacidade global de baterias aumente mais de dez vezes, com muitos projectos de armazenamento planeados em países em desenvolvimento onde a fiabilidade da rede continua a ser um desafio.

As tecnologias de modernização da rede, incluindo as redes inteligentes e as infra-estruturas digitais, são também fundamentais para garantir uma distribuição equitativa da energia. As redes inteligentes utilizam dados em tempo real e tecnologias de comunicação avançadas para equilibrar a oferta e a procura de forma mais eficaz, integrar fontes de energia renováveis e melhorar a resiliência da rede. Estas inovações podem ajudar a garantir que as comunidades carenciadas recebam eletricidade consistente e fiável, mesmo durante eventos climáticos extremos ou outras perturbações.

> **Exemplo**: No Brasil, o programa governamental **Luz para Todos** combinou a extensão da rede com a tecnologia de rede inteligente para levar eletricidade a mais de **16 milhões de pessoas** em zonas rurais. Ao utilizar contadores inteligentes e monitorização em tempo real, o programa reduziu os cortes de energia e melhorou a qualidade dos serviços energéticos em comunidades anteriormente mal servidas.

Prevê-se que o mercado global de tecnologias de redes inteligentes atinja **144 mil milhões de dólares** até 2025, impulsionado pela crescente procura de sistemas de energia mais eficientes, resistentes e equitativos. Isto é particularmente importante para os países em desenvolvimento, onde uma infraestrutura de rede desactualizada resulta frequentemente em cortes de energia e desigualdades energéticas.

7.3 Redes inteligentes e infra-estruturas digitais

As redes inteligentes e a infraestrutura digital estão a transformar a forma como a energia é distribuída, gerida e consumida. Ao integrar a energia renovável na rede, melhorar a eficiência e permitir a gestão de energia em tempo real, as redes inteligentes facilitam o fornecimento de energia fiável e acessível às comunidades marginalizadas.

Os contadores inteligentes, por exemplo, permitem aos serviços públicos monitorizar o consumo de energia à distância e faturar aos clientes com base na utilização real e não em estimativas. Isto não só melhora a transparência como também ajuda as famílias com baixos rendimentos a gerir o seu consumo de energia de forma mais eficaz.

> **Exemplo**: Na África do Sul, a **cidade de Joanesburgo** instalou contadores inteligentes em bairros de baixo rendimento como parte do seu esforço para modernizar o sistema energético da cidade. A iniciativa, conhecida como **Projeto Isizwe**, permite que os residentes monitorizem o seu consumo de energia em tempo real, permitindo-lhes reduzir o consumo durante as horas de ponta e diminuir as suas contas de eletricidade. Isto tornou a energia mais acessível para os agregados familiares que se debatem com elevados custos de eletricidade.

Um relatório do **Instituto Internacional para o Ambiente e o Desenvolvimento (IIED)** concluiu que as tecnologias de redes inteligentes podem reduzir os custos da energia até **30%** para as famílias com baixos rendimentos, melhorando simultaneamente o acesso às energias renováveis.

As plataformas digitais e a tecnologia móvel também estão a desempenhar um papel importante na promoção da justiça energética. Os modelos PAYG (Pay-as-you-go), por exemplo, permitem que os agregados familiares com baixos rendimentos paguem a eletricidade em pequenas parcelas acessíveis, utilizando dinheiro móvel. Este modelo tem sido particularmente transformador em regiões onde os custos iniciais constituem um obstáculo importante ao acesso à energia.

Exemplo: Na Tanzânia, a empresa **Zola Electric** utiliza um modelo PAYG para fornecer energia solar fora da rede às comunidades rurais. Os clientes podem pagar a energia através de telemóveis, o que lhes permite aceder a eletricidade limpa sem o encargo de grandes pagamentos iniciais. A Zola já ligou mais de **1 milhão de pessoas** à energia solar, muitas das quais dependiam anteriormente do querosene para a iluminação.

7.4 Estudos de caso: Como a tecnologia está a transformar o acesso em regiões mal servidas

Os avanços tecnológicos já estão a transformar o acesso à energia em regiões carenciadas, com numerosos estudos de casos de sucesso que demonstram o impacto da inovação na justiça energética.

- **Revolução solar PAYG do Quénia**: No Quénia, as empresas de energia solar PAYG, como a **M-KOPA** e **a BBOXX,** revolucionaram o acesso à energia por parte das famílias com baixos rendimentos. Estas empresas fornecem sistemas solares domésticos acessíveis que os clientes podem pagar em pequenas prestações utilizando dinheiro móvel. O modelo PAYG permitiu que mais de **1 milhão de famílias** tivessem acesso a energia limpa, reduzindo a dependência de combustíveis caros e poluentes como o querosene.

- **O sucesso da micro-hidroeletricidade do Nepal**: No Nepal, projectos hidroeléctricos de pequena escala forneceram eletricidade a aldeias remotas nas montanhas que estão longe da rede nacional. Estas centrais micro-hídricas de propriedade comunitária geram energia limpa, criam empregos locais e apoiam o desenvolvimento económico. O sucesso destes projectos tem sido um modelo para outros países que procuram promover a justiça energética através de sistemas de energia descentralizados e renováveis.

- **Clínicas de saúde indianas alimentadas por energia solar**: Nas zonas rurais da Índia, a falta de fiabilidade da rede eléctrica é há muito um desafio para as instalações de cuidados de saúde, especialmente em áreas remotas. Para resolver este problema, o **Karuna Trust** estabeleceu uma parceria com a **Fundação SELCO** para instalar sistemas de energia solar em clínicas de saúde em todo o país. Estes sistemas fornecem energia ininterrupta para iluminação, refrigeração de vacinas e equipamento médico essencial, assegurando que os serviços de saúde podem continuar mesmo durante falhas de energia.

De acordo com a **AIE**, a implantação de sistemas descentralizados de energia renovável em regiões mal servidas poderia reduzir a pobreza energética global em mais de **70%** até 2030, com benefícios significativos em termos de saúde, económicos e sociais para as populações marginalizadas.

8. Desafios e barreiras à justiça energética

Embora o conceito de justiça energética tenha como objetivo a criação de um sistema energético justo e equitativo, existem inúmeras barreiras que impedem a sua plena realização. Estes desafios estão profundamente enraizados nas desigualdades sistémicas, nas estruturas sociais e económicas e nas dinâmicas políticas que frequentemente marginalizam as comunidades vulneráveis. Esta secção explora as barreiras sistémicas e examina os obstáculos sociais, económicos e políticos que impedem o acesso equitativo à energia.

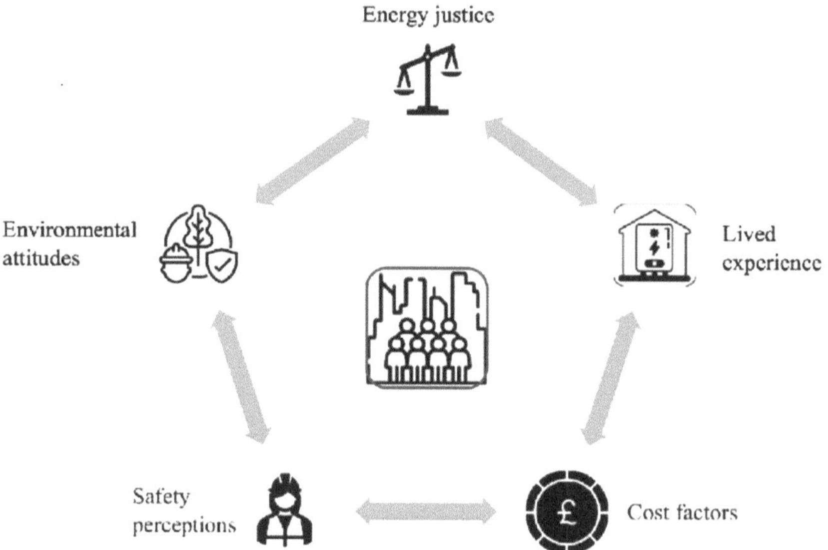

Figura 6: gráfico que destaca as barreiras à justiça energética (por exemplo, limitações de infra-estruturas, custos elevados e lacunas nas políticas). Interações entre as principais barreiras sociais. (J.A. Gordon et al. 2022)

8.1 Barreiras sistémicas e o seu impacto nas comunidades vulneráveis

As barreiras sistémicas à justiça energética estão enraizadas em desigualdades históricas e estruturais que afectam desproporcionadamente as populações marginalizadas. Estas barreiras manifestam-se de várias formas, incluindo o acesso limitado a infra-estruturas energéticas, custos energéticos mais elevados e exclusão dos processos de elaboração de políticas.

- **Pobreza energética**: Um dos obstáculos sistémicos mais significativos é a pobreza energética, que se refere à incapacidade dos agregados familiares para pagar serviços energéticos suficientes para satisfazer as necessidades básicas. A pobreza energética é predominante nas zonas rurais e de baixos rendimentos, sobretudo nos países em desenvolvimento, mas também afecta as populações urbanas das nações mais ricas. A falta de acesso a serviços energéticos modernos (eletricidade, combustível limpo para cozinhar) prende as comunidades vulneráveis em ciclos de pobreza, limitando as oportunidades de educação, cuidados de saúde e crescimento económico.

- **Exclusão geográfica**: As comunidades rurais, remotas e indígenas são frequentemente excluídas das principais infra-estruturas energéticas. Em muitos países em desenvolvimento, essas áreas permanecem fora da rede, dependendo de combustíveis tradicionais de biomassa para cozinhar e aquecer, o que leva a riscos para a saúde, degradação ambiental e exclusão social. Mesmo em países industrializados, as áreas rurais enfrentam desafios com a conetividade a fontes de energia limpas e acessíveis, exacerbando ainda mais as desigualdades regionais.

- **Custos elevados das energias renováveis**: Para muitas comunidades vulneráveis, a transição para as energias renováveis é financeiramente inacessível. Embora as tecnologias renováveis, como a solar e a eólica, estejam a tornar-se mais acessíveis, os custos iniciais de instalação, manutenção e infra-estruturas necessárias podem ser proibitivamente elevados para as famílias com baixos rendimentos. Em alguns casos, estas populações são excluídas dos benefícios dos subsídios governamentais ou dos programas de incentivo, que são frequentemente concebidos para beneficiar os consumidores mais ricos.

- **Elaboração de políticas discriminatórias**: Muitas políticas energéticas, mesmo as que promovem as energias renováveis, não incluem as vozes marginalizadas no processo de tomada de decisões. As estruturas políticas são frequentemente moldadas por interesses corporativos e partes interessadas ricas, deixando as comunidades vulneráveis com pouca influência na forma como os sistemas de energia são desenvolvidos ou como os recursos são distribuídos. Esta falta de representação leva a políticas que dão prioridade ao lucro em detrimento das pessoas e contribuem para uma maior marginalização dos grupos desfavorecidos.

- **Impactos na saúde e no ambiente**: As comunidades vulneráveis enfrentam frequentemente os piores impactos ambientais e sanitários da produção de energia. Por exemplo, as comunidades com baixos rendimentos que vivem perto de centrais de combustíveis fósseis sofrem de taxas mais elevadas de doenças relacionadas com a poluição, como a asma e as doenças cardíacas. A falta de serviços de saúde adequados nestas zonas agrava ainda mais estas desigualdades em termos de saúde, criando um ciclo de desvantagens.

Estas barreiras sistémicas realçam a necessidade urgente de intervenções políticas específicas e de abordagens inclusivas que dêem prioridade às necessidades das populações vulneráveis. Sem abordar estas causas profundas, a justiça energética continuará a estar fora do alcance de muitas comunidades em todo o mundo.

Figura 7: Uma fotografia de agregados familiares rurais que utilizam fontes de energia tradicionais de biomassa (por exemplo, madeira) para cozinhar, mostrando o impacto da pobreza energética...
Harsha K R/Flickr, CC BY-SA

8.2 Análise dos desafios sociais, económicos e políticos

Para além das barreiras sistémicas, há uma série de desafios sociais, económicos e políticos que impedem a realização da justiça energética. Estes desafios sobrepõem-se frequentemente, criando obstáculos complexos que exigem soluções coordenadas e multifacetadas.

- **Desafios sociais**:

  - **Resistência cultural e comportamental**: Em algumas comunidades, existe resistência à adoção de novas tecnologias energéticas devido a crenças culturais ou a uma falta de confiança nos sistemas energéticos modernos. Isto é particularmente verdade em zonas onde as práticas energéticas tradicionais, como a utilização de biomassa para cozinhar, estão enraizadas há gerações. A mudança destas práticas exige não só soluções tecnológicas, mas também esforços de educação e sensibilização culturalmente sensíveis.

  - **Falta de consciencialização**: Muitas comunidades vulneráveis podem não ter informações sobre opções de energia renovável, programas de assistência financeira ou os benefícios a longo prazo da transição para a energia limpa. Esta falta de consciencialização é muitas vezes o resultado de uma comunicação deficiente entre os decisores políticos e as comunidades que servem, bem como de um acesso limitado à educação e aos recursos.

- **Desafios económicos**:

  - **Custo e acessibilidade**: Apesar do impulso global para as energias renováveis, o custo da transição continua a ser uma barreira significativa, particularmente para as famílias com baixos rendimentos. Muitas populações vulneráveis enfrentam o dilema de não poderem suportar os custos iniciais das tecnologias renováveis, mesmo que as poupanças a longo prazo sejam substanciais. Além disso, os benefícios económicos dos projectos de energias renováveis são frequentemente capturados por indivíduos ou empresas mais ricos, deixando as comunidades marginalizadas sem acesso a estas oportunidades.

- Estruturas do mercado da energia: Em muitos países, os mercados de energia são altamente centralizados e dominados por grandes empresas de serviços públicos que controlam os preços e a distribuição da energia. Estas estruturas de mercado limitam muitas vezes a capacidade dos projectos de energia mais pequenos, orientados para a comunidade, de se imporem. Além disso, as práticas monopolistas podem fazer subir os preços da energia, sobrecarregando ainda mais os agregados familiares de baixos rendimentos.

- **Desafios políticos**:

  - **Lacunas nas políticas e inação**: Em muitos casos, os governos não conseguem criar ou aplicar políticas que promovam a justiça energética. Falta frequentemente vontade política para responder às necessidades das comunidades vulneráveis, especialmente quando as prioridades concorrentes, como o crescimento económico ou os interesses corporativos, têm precedência. Isto leva a um investimento insuficiente em infra-estruturas de energias renováveis em áreas desfavorecidas e à falta de programas abrangentes de acesso à energia.

  - **Influência corporativa e lobbying**: A indústria energética é frequentemente influenciada por poderosos actores empresariais que fazem lobby por políticas que dão prioridade ao lucro em detrimento da equidade. As empresas de combustíveis fósseis, em particular, têm interesse em manter o status quo, e seus esforços de lobby podem minar as políticas de energia renovável que beneficiariam as comunidades marginalizadas. Essa influência corporativa sufoca o impulso político necessário para implementar reformas de justiça energética.

  - **Política internacional e desigualdades**: À escala global, o acesso à energia é também moldado pelas relações internacionais e pelas desigualdades económicas. Os países em desenvolvimento dependem muitas vezes de investimentos estrangeiros para construir as suas infra-estruturas energéticas, e estes investimentos são frequentemente motivados por razões de lucro e não pelas necessidades da população local. Além disso, os acordos globais sobre alterações climáticas e as políticas energéticas por vezes não têm em conta as necessidades específicas do Sul Global, perpetuando as injustiças energéticas existentes.

Enfrentar estes desafios sociais, económicos e políticos requer um esforço coordenado entre governos, comunidades e agentes do sector privado. Ao adotar uma abordagem holística que incorpore as vozes das populações marginalizadas e dê prioridade à equidade, tanto na política como na prática, estas barreiras podem ser ultrapassadas, aproximando a transição energética global da obtenção de uma verdadeira justiça energética.

9. Recomendações políticas para uma transição energética equitativa

A transição energética representa uma oportunidade e um desafio para os decisores políticos. Embora a mudança para as energias renováveis possa ajudar a mitigar as alterações climáticas e a expandir o acesso a energia limpa e acessível, também corre o risco de aprofundar as desigualdades existentes se não for gerida com cuidado. Os decisores políticos a todos os níveis têm de tomar medidas deliberadas para garantir que os benefícios das energias renováveis são distribuídos de forma justa, particularmente para as populações marginalizadas e mal servidas.

9.1 Dar prioridade ao acesso à energia para as comunidades marginalizadas

Um dos princípios fundamentais da justiça energética é a distribuição equitativa dos recursos energéticos. Os governos devem adotar políticas que dêem prioridade à expansão do acesso à energia nas regiões mal servidas, incluindo as zonas rurais e as zonas urbanas com baixos rendimentos. Estas políticas devem centrar-se em investimentos em infra-estruturas, subsídios e parcerias público-privadas que tornem as energias renováveis económicas e acessíveis a todos.

9.1.1 Projectos subsidiados de energias renováveis para agregados familiares com baixos rendimentos

A prestação de apoio financeiro às famílias com baixos rendimentos é essencial para garantir que as tecnologias de energias renováveis, como os painéis solares e os aparelhos energeticamente eficientes, sejam acessíveis a todos. Os governos podem oferecer subsídios, créditos fiscais ou subvenções diretas para ajudar as famílias com baixos rendimentos a instalar sistemas de energias renováveis ou a aceder a energias limpas através de projectos comunitários.

Exemplo: Nos EUA, programas como o **Low-Income Home Energy Assistance Program (LIHEAP)** têm sido fundamentais para ajudar as famílias de baixo rendimento a pagar a energia. Alargar este tipo de programas para incluir subsídios às energias renováveis garantiria que mesmo as populações mais vulneráveis pudessem beneficiar da transição para as energias limpas.

Um relatório do **Rocky Mountain Institute** concluiu que as melhorias na eficiência energética e a energia solar no telhado poderiam reduzir os custos de eletricidade em **15-20%** para as famílias com baixos rendimentos, aliviando significativamente a pobreza energética.

9.1.2 Expansão das soluções de microrredes e fora da rede em zonas rurais

Em muitas zonas rurais e remotas, as infra-estruturas energéticas centralizadas são demasiado caras ou logisticamente difíceis de construir. Os decisores políticos devem apoiar o desenvolvimento de micro-redes e sistemas de energia renovável fora da rede, que podem fornecer energia fiável e acessível a comunidades que historicamente têm sido mal servidas pelos serviços públicos tradicionais.

> **Exemplo**: Na **Índia**, o programa governamental **Deendayal Upadhyaya Gram Jyoti Yojana** centrou-se na expansão da eletrificação nas zonas rurais utilizando microrredes alimentadas a energia solar. Esta abordagem levou a eletricidade a mais de **18.000** aldeias que anteriormente estavam fora da rede.

De acordo com a **Agência Internacional de Energia (AIE)**, mais de **mil milhões de** pessoas em todo o mundo ainda não têm acesso à eletricidade, vivendo a maioria em zonas rurais. A expansão das soluções de microrredes poderia fornecer energia sustentável a pelo menos metade destas populações até 2030.

9.2 Garantir a inclusão na criação de emprego no sector das energias renováveis

O sector das energias renováveis oferece uma oportunidade significativa para a criação de milhões de novos postos de trabalho. No entanto, sem políticas intencionais, esses empregos podem não ser igualmente acessíveis a todas as populações. Os governos e as empresas devem garantir que a criação de empregos no sector das energias renováveis seja inclusiva e beneficie os trabalhadores de diversas origens, particularmente os das comunidades marginalizadas.

9.2.1 Programas de desenvolvimento e formação de mão de obra

Os decisores políticos devem dar prioridade a programas de desenvolvimento da força de trabalho que formem pessoas de comunidades sub-representadas para empregos no sector das energias renováveis. Isto inclui a oferta de formação profissional, estágios e programas de requalificação que proporcionem aos trabalhadores as competências técnicas necessárias para participar na economia da energia limpa.

Exemplo: Na **Alemanha**, o governo estabeleceu uma parceria com a indústria para criar um vasto programa de formação profissional centrado nas tecnologias de energias renováveis. O programa forma milhares de trabalhadores todos os anos, com ênfase na inclusão de mulheres, minorias étnicas e indivíduos com baixos rendimentos.

A Agência Internacional para as Energias Renováveis (IRENA) prevê que o sector das energias renováveis possa criar mais de **42 milhões de** postos de trabalho até 2050, mas apenas se houver um investimento suficiente na formação e educação da mão de obra.

9.2.2 Políticas de transição justa para os trabalhadores do sector dos combustíveis fósseis

Uma transição justa para os trabalhadores da indústria dos combustíveis fósseis é essencial para evitar a deslocação económica e garantir que nenhuma comunidade seja deixada para trás na transição para as energias renováveis. Os decisores políticos devem desenvolver estratégias para ajudar os trabalhadores do sector dos combustíveis fósseis a transitarem para novos empregos no sector das energias renováveis, proporcionando-lhes apoio financeiro, oportunidades de reciclagem e assistência à relocalização, se necessário.

Exemplo: Em **Espanha**, o governo desenvolveu um plano de transição abrangente que fornece assistência financeira, programas de reciclagem e novas oportunidades de emprego para os trabalhadores afectados pelo encerramento de minas de carvão. Esta política tem sido elogiada por equilibrar a justiça económica e social com os objectivos ambientais.

Um relatório da **Organização Internacional do Trabalho (OIT)** estima que, até 2030, poderão perder-se **entre 6 e 7 milhões de** postos de trabalho no sector dos combustíveis fósseis, mas as políticas de apoio a uma transição justa poderão ajudar a criar **10 a 12 milhões de** novos postos de trabalho nas energias renováveis e nas indústrias conexas.

9.3 Reforçar a participação do público na tomada de decisões sobre energia

A justiça energética exige que todas as comunidades, especialmente as mais afectadas pelas políticas energéticas, tenham voz nos processos de tomada de decisão. Os governos devem garantir que os grupos marginalizados, incluindo os povos indígenas, as comunidades com baixos rendimentos e as minorias raciais, participem ativamente no desenvolvimento de políticas e projectos energéticos.

9.3.1 Envolvimento da comunidade e planeamento participativo

Os decisores políticos devem adotar abordagens de planeamento participativo que envolvam os membros da comunidade no processo de tomada de decisões para projectos energéticos. Isto pode ajudar a garantir que as necessidades e preocupações das comunidades afectadas sejam tidas em conta, ao mesmo tempo que se cria apoio local para o desenvolvimento das energias renováveis.

> **Exemplo**: Na **Escócia**, a **Política Energética Comunitária** do governo promove a propriedade comunitária de projectos de energias renováveis, dando aos residentes locais uma participação direta nos benefícios. Muitos destes projectos são desenvolvidos através de processos de planeamento orientados para a comunidade, garantindo que as prioridades locais se reflectem no resultado final.

De acordo com um estudo do **World Resources Institute**, o envolvimento da comunidade no planeamento das energias renováveis conduz a taxas de sucesso de projeto mais elevadas, com até **80%** dos projectos orientados para a comunidade a atingirem os seus objectivos energéticos e de equidade.

9.3.2 Direitos indígenas e desenvolvimento de energias renováveis

As comunidades indígenas são frequentemente afectadas de forma desproporcionada pelos projectos energéticos, em especial os desenvolvimentos renováveis em grande escala, como as barragens hidroeléctricas ou os parques eólicos. Os decisores políticos devem garantir que os povos indígenas têm o direito ao consentimento livre, prévio e informado (FPIC) para quaisquer projectos energéticos que afectem as suas terras ou meios de subsistência. Isto é essencial para defender os direitos humanos e promover a justiça energética.

Exemplo: No **Canadá**, o governo comprometeu-se a respeitar o CLPI em todos os projectos de energias renováveis que envolvam terras indígenas. Como parte deste compromisso, a **Indigenous Clean Energy Social Enterprise** trabalha para capacitar as comunidades indígenas para liderarem os seus próprios projectos de energias renováveis, assegurando que os benefícios fluem diretamente para as pessoas afectadas.

O **Fórum Internacional dos Povos Indígenas sobre as Alterações Climáticas (IIPFCC)** concluiu que as comunidades indígenas são responsáveis pela proteção de **80%** da biodiversidade mundial, o que torna o seu envolvimento em projectos de energias renováveis crucial tanto para a proteção do ambiente como para a justiça energética.

9.4 Alavancar o financiamento internacional do clima para a justiça energética

O sistema financeiro mundial deve apoiar a distribuição equitativa de recursos para garantir que os países em desenvolvimento possam suportar a transição para as energias renováveis. Para tal, é necessário mobilizar o financiamento internacional da luta contra as alterações climáticas para investir em infra-estruturas, tecnologia e reforço das capacidades nas regiões mais necessitadas.

9.4.1 Fundo Verde para o Clima (GCF) e projectos de energias renováveis

O **Fundo Verde para o Clima (GCF)** é uma das maiores fontes de financiamento internacional para o clima, financiando projectos de energias renováveis nos países em desenvolvimento. Os decisores políticos devem defender o aumento do financiamento do GCF para garantir que os projectos de energias renováveis sejam totalmente financiados, especialmente nos países mais vulneráveis às alterações climáticas e à pobreza energética.

Exemplo: O GCF apoiou projectos de energia solar no **Bangladesh**, levando eletricidade a preços acessíveis a mais de **20 milhões de** pessoas nas zonas rurais. Este projeto ajudou a reduzir a pobreza energética, contribuindo simultaneamente para os esforços de mitigação das alterações climáticas do país.

De acordo com a **Convenção-Quadro das Nações Unidas sobre Alterações Climáticas (UNFCCC)**, o GCF mobilizou mais de **10 mil milhões de dólares** em financiamento para projectos de energias renováveis desde a sua criação, com o objetivo de mobilizar mais **100 mil milhões de dólares** por ano até 2025.

9.4.2 Justiça climática e alívio da dívida dos países em desenvolvimento

Muitos países em desenvolvimento enfrentam encargos significativos com a dívida que limitam a sua capacidade de investir em infra-estruturas de energias renováveis. Os decisores políticos devem defender mecanismos de redução da dívida que permitam a estes países redirecionar os recursos para o desenvolvimento das energias renováveis e para a adaptação ao clima.

> **Exemplo**: Na **Jamaica**, o governo utilizou trocas de dívida relacionadas com o clima para financiar projectos de energias renováveis. Através deste programa, uma parte da dívida externa do país foi perdoada em troca de compromissos de investimento em infra-estruturas de energia solar e eólica.

Um relatório do **Fundo Monetário Internacional (FMI)** estima que a redução da dívida relacionada com o clima poderia libertar mais de **1 bilião de dólares** em financiamento para projectos de energias renováveis nos países em desenvolvimento até 2030, acelerando significativamente a transição energética global.

10. Cooperação internacional e esforços globais em matéria de justiça energética

Enfrentar os desafios da justiça energética a uma escala global requer uma cooperação internacional sólida. Os países, especialmente os do Norte Global, precisam de colaborar com os do Sul Global para partilhar recursos, tecnologia e conhecimentos, assegurando ao mesmo tempo que os benefícios da transição para as energias renováveis são distribuídos de forma equitativa. As organizações internacionais e as iniciativas multilaterais são fundamentais para promover a cooperação, combater a pobreza energética e garantir que nenhuma região ou comunidade é deixada para trás na mudança global para as energias limpas.

10.1 O papel das organizações internacionais

As organizações internacionais, como a Organização das Nações Unidas (ONU), o Banco Mundial e a Agência Internacional de Energia (AIE), desempenham um papel fundamental na promoção da justiça energética global. Estas instituições ajudam a definir padrões globais, a mobilizar financiamento para projectos de energias renováveis e a facilitar a partilha de conhecimentos além fronteiras. Os seus esforços são essenciais para colmatar o fosso entre as nações ricas com infra-estruturas avançadas de energias renováveis e os países em desenvolvimento que ainda lutam contra a pobreza energética.

10.1.1 As Nações Unidas e os Objectivos de Desenvolvimento Sustentável (ODS)

O Objetivo de Desenvolvimento Sustentável 7 (ODS 7) da ONU - garantir o acesso a energia acessível, fiável, sustentável e moderna para todos até 2030 - aborda diretamente a questão da justiça energética. O ODS 7 visa eliminar a pobreza energética, ao mesmo tempo que promove as energias renováveis como uma solução fundamental para a atenuação das alterações climáticas e o desenvolvimento económico.

> **Exemplo: O Pacto Energético das Nações Unidas**, lançado em 2021, é uma iniciativa global que reúne governos, empresas e sociedade civil para se comprometerem com metas ambiciosas de acesso à energia e às energias renováveis. Países como a **Etiópia**, **o Quénia** e **o Bangladesh** assumiram

compromissos significativos no âmbito deste quadro, com planos para expandir a eletrificação e o acesso às energias renováveis em zonas rurais e mal servidas.

De acordo com a **Agência Internacional para as Energias Renováveis (IRENA)**, para alcançar o acesso universal a energia fiável e a preços acessíveis até 2030 será necessário um investimento adicional de cerca de **40 mil milhões de dólares** por ano. No entanto, os benefícios destes investimentos ultrapassam largamente os custos, uma vez que a melhoria do acesso à energia pode retirar milhões de pessoas da pobreza, melhorar os resultados em termos de saúde e estimular o crescimento económico.

10.1.2 O Banco Mundial e o financiamento do clima

O Banco Mundial é outro ator fundamental no esforço global para promover a justiça energética. Através dos seus **Fundos de Investimento Climático (CIF)** e **do Programa de Assistência à Gestão do Setor Energético (ESMAP)**, o Banco Mundial fornece apoio financeiro e técnico a projectos de energias renováveis nos países em desenvolvimento. Estes fundos são essenciais para ajudar as nações de baixo rendimento a construir as infra-estruturas necessárias para alargar o acesso à energia limpa.

> **Exemplo**: Em **Madagáscar**, o Banco Mundial financiou um projeto que combina a energia solar com o armazenamento em baterias para fornecer eletricidade a mais de **2 milhões de** pessoas que vivem em comunidades remotas e fora da rede. O projeto não só melhorou o acesso à eletricidade, como também criou emprego e reduziu a dependência do país de geradores a gasóleo caros e poluentes.

O financiamento do Banco Mundial relacionado com o clima atingiu um recorde de **31,7 mil milhões de dólares** em 2021, com mais de **10 mil milhões de dólares** atribuídos a projectos de energias renováveis. Esses investimentos são cruciais para promover a justiça energética em regiões que carecem de recursos financeiros para fazer a transição para a energia limpa por conta própria.

10.1.3 Agência Internacional da Energia (AIE) e coordenação política mundial

A AIE é uma autoridade global fundamental em matéria de política energética, fornecendo aos governos dados, análises e recomendações políticas para acelerar a transição para as energias renováveis. O seu enfoque na eficiência energética, na integração das energias renováveis e na inovação das energias limpas ajuda a orientar os países para sistemas energéticos mais equitativos e sustentáveis.

> **Exemplo: O Africa Energy Outlook** da AIE salienta a necessidade de um investimento substancial em energias renováveis para satisfazer as crescentes necessidades energéticas do continente, garantindo simultaneamente o acesso aos **600 milhões de** africanos que vivem atualmente sem eletricidade. As recomendações da AIE têm sido fundamentais para moldar as políticas energéticas em países como **a Nigéria**, onde o governo está a implementar um plano nacional de eletrificação para levar a energia solar a comunidades fora da rede.

De acordo com a AIE, alcançar o acesso universal à energia até 2030 só na África Subsariana exigiria um investimento de **25 mil milhões de dólares** por ano. No entanto, os benefícios económicos do acesso universal à energia, incluindo a melhoria da produtividade, dos resultados na saúde e do nível de escolaridade, poderiam gerar retornos até quatro vezes superiores ao investimento inicial.

10.2 Parcerias transfronteiriças para a justiça energética

Para além do trabalho das organizações internacionais, as parcerias transfronteiriças entre países, empresas privadas e organizações não governamentais (ONG) são essenciais para promover a justiça energética. Estas parcerias permitem a partilha de tecnologia, conhecimentos e recursos financeiros para resolver as disparidades energéticas globais.

10.2.1 Transferência de tecnologia e partilha de conhecimentos

A transferência de tecnologia é uma componente crítica da cooperação internacional no sector das energias renováveis. Os países desenvolvidos com indústrias avançadas de energias renováveis podem ajudar a acelerar a transição energética nos países em desenvolvimento através da partilha de tecnologias, conhecimentos e melhores práticas no domínio das energias limpas. Isto pode ajudar a colmatar o défice de acesso à energia, promovendo simultaneamente o desenvolvimento económico sustentável.

Exemplo: A **Iniciativa Corredores de Energia Limpa da IRENA** em África promove a transferência de tecnologia de energias renováveis de países como a **Alemanha** e **a Dinamarca** para nações africanas. Ao facilitar as parcerias entre os governos africanos e as empresas europeias de energias renováveis, a iniciativa ajudou os países africanos a criar as capacidades necessárias para desenvolver projectos eólicos e solares em grande escala.

De acordo com um relatório da **Comissão Mundial sobre a Geopolítica da Transformação Energética**, a transferência de tecnologia e a cooperação internacional poderiam ajudar os países em desenvolvimento a poupar até **120 mil milhões de dólares** por ano em custos energéticos até 2040, reduzindo simultaneamente as emissões globais de gases com efeito de estufa.

10.2.2 Acordos bilaterais e multilaterais de cooperação no domínio da energia

Os acordos bilaterais e multilaterais de cooperação no domínio da energia podem também desempenhar um papel fundamental na promoção da justiça energética. Estes acordos incluem frequentemente disposições relativas ao desenvolvimento das energias renováveis, ao reforço das capacidades e à assistência financeira aos países com baixos rendimentos.

Exemplo: O **acordo hidroelétrico Índia-Bhutan** é um modelo de cooperação energética transfronteiriça bem sucedida. Ao abrigo deste acordo, a Índia financiou e construiu várias grandes centrais hidroeléctricas no Butão, sendo a eletricidade excedentária exportada para a Índia. Esta parceria proporcionou ao Butão uma fonte estável de receitas, ao mesmo tempo que ajudou a Índia a satisfazer as suas necessidades energéticas crescentes com energia hidroelétrica limpa e renovável.

De acordo com o **Banco Mundial**, o comércio transfronteiriço de energia no Sul da Ásia tem potencial para gerar mais de **12 mil milhões de dólares** em benefícios económicos anuais até 2030, reduzindo simultaneamente as emissões de gases com efeito de estufa e melhorando o acesso à energia na região.

10.3 Movimentos globais de justiça energética e iniciativas da sociedade civil

As organizações da sociedade civil e os movimentos de base desempenham um papel cada vez mais importante na defesa da justiça energética à escala global. Estes movimentos trabalham frequentemente no sentido de responsabilizar os governos e as empresas pelas suas contribuições para as desigualdades energéticas e as alterações climáticas, ao mesmo tempo que promovem políticas energéticas mais equitativas e sustentáveis.

10.3.1 O movimento global de justiça climática

O movimento global pela justiça climática tem sido fundamental para aumentar a consciencialização sobre a intersecção entre as alterações climáticas e a justiça energética. Os activistas argumentam que aqueles que menos contribuíram para as alterações climáticas - frequentemente comunidades de baixos rendimentos e países do Sul Global - são desproporcionadamente afectados pelos seus impactos. Como resultado, o movimento apela a uma ação climática mais ambiciosa que dê prioridade às necessidades das populações vulneráveis.

> **Exemplo**: O movimento **Fridays for Future**, iniciado pela ativista climática sueca **Greta Thunberg**, tornou-se uma plataforma global para os jovens que defendem a justiça climática. O movimento salienta a necessidade de os países ricos assumirem a responsabilidade pelas suas emissões históricas de carbono e prestarem apoio financeiro e tecnológico aos países em desenvolvimento para os ajudar na transição para as energias renováveis.

Um relatório da **Climate Justice Alliance** concluiu que os 10% mais ricos do mundo são responsáveis por **52%** das emissões cumulativas de carbono, enquanto os 50% mais pobres são responsáveis por apenas **7%**. Esta disparidade gritante sublinha a importância dos esforços globais de justiça climática na abordagem do acesso à energia e das alterações climáticas.

10.3.2 ONG e iniciativas de justiça energética de base

As organizações não governamentais (ONG) e as iniciativas de base estão também a desempenhar um papel fundamental na promoção da justiça energética, prestando apoio direto a comunidades carenciadas, defendendo reformas políticas e implementando projectos de energias renováveis a nível local.

Exemplo: A iniciativa **Solar Sister**, que opera na África subsariana, forma e apoia mulheres empresárias para venderem e manterem produtos de iluminação solar e de cozinha limpa em comunidades rurais. Esta abordagem de base tem ajudado a expandir o acesso à energia limpa em regiões onde não existem infra-estruturas energéticas tradicionais, ao mesmo tempo que capacita economicamente as mulheres.

A Sociedade Financeira Internacional (SFI) estima que o acesso universal à eletricidade na África Subsariana poderá retirar da pobreza até **120 milhões de** pessoas até 2030, reduzindo simultaneamente a dependência de combustíveis fósseis caros e poluentes.

11. O papel dos governos e do sector privado na garantia da justiça energética

Alcançar a justiça energética no âmbito da transição para as energias renováveis exige esforços coordenados dos sectores público e privado. Os governos são responsáveis pela criação de ambientes regulamentares que promovam o acesso equitativo à energia limpa, enquanto o sector privado desempenha um papel vital no desenvolvimento, financiamento e implementação de tecnologias renováveis. A colaboração entre estes dois sectores é essencial para garantir que os benefícios das energias renováveis são distribuídos de forma justa, particularmente para as comunidades mal servidas e marginalizadas.

11.1 O papel do governo na criação de uma transição energética equitativa

Os governos têm a responsabilidade única de preparar o terreno para uma transição equitativa para as energias renováveis. Através de legislação, regulamentação e investimento direto, podem promover políticas que dêem prioridade ao acesso à energia, à sua acessibilidade e sustentabilidade para todos os cidadãos.

11.1.1 Implementação de quadros regulamentares favoráveis à equidade

Os governos devem implementar regulamentações que determinem a inclusão e a justiça na produção e distribuição de energia. Essas regulamentações podem incluir padrões de portfólio de energia renovável (RPS), políticas de medição líquida e incentivos para sistemas de energia descentralizados que beneficiem comunidades de baixa renda.

> **Exemplo**: Na **Califórnia**, o governo do estado introduziu programas **de Community Choice Aggregation (CCA)**, que permitem aos governos locais adquirir energia renovável em nome dos seus residentes. Este modelo permite às comunidades escolher a origem da sua energia e resulta frequentemente em tarifas mais baixas e energia mais limpa para os residentes, especialmente em zonas desfavorecidas.

De acordo com a **Comissão de Serviços Públicos da Califórnia**, as comunidades que participam em CCAs registaram uma redução **de 18%** nos custos de energia em comparação com os serviços de utilidade pública tradicionais, beneficiando as famílias com rendimentos mais baixos.

11.1.2 Investimento direto em infra-estruturas de energias renováveis

O investimento público em infra-estruturas de energias renováveis é fundamental para alcançar a justiça energética. Os governos podem atribuir fundos para expandir as redes de energias renováveis, construir redes de carregamento de veículos eléctricos e subsidiar instalações solares domésticas para famílias com baixos rendimentos. Estes investimentos ajudam a colmatar as lacunas no acesso à energia limpa.

> **Exemplo: O Fundo para uma Transição Justa da União Europeia** dedica mais de **17,5 mil milhões de euros** ao apoio a regiões fortemente dependentes de combustíveis fósseis na transição para energias mais limpas, com destaque para o financiamento de projectos de energias renováveis, a requalificação de trabalhadores e o apoio a populações vulneráveis.

Prevê-se que o **Fundo para uma Transição Justa** crie mais de **500 000** novos postos de trabalho no sector das energias renováveis e nos sectores conexos em toda a UE até 2030, muitos dos quais em zonas desfavorecidas.

11.2. O papel do sector privado na promoção da justiça energética

O sector privado é fundamental para impulsionar a inovação, o financiamento e a implantação em larga escala de tecnologias de energias renováveis. À medida que as empresas reconhecem cada vez mais os benefícios económicos e ambientais da energia sustentável, têm também a responsabilidade de garantir que os seus esforços se alinham com os princípios da justiça energética.

11.2.1. Promoção do investimento privado em comunidades mal servidas

Os investimentos do sector privado devem visar as comunidades mal servidas que são frequentemente deixadas de fora dos mercados energéticos tradicionais. Isto pode incluir o financiamento de projectos solares comunitários, o desenvolvimento de micro-redes e o investimento em iniciativas de eficiência energética que reduzam os custos de energia para as famílias com baixos rendimentos.

> **Exemplo:** No **Quénia**, a empresa privada **M-KOPA Solar** fornece sistemas solares domésticos pré-pagos a agregados familiares rurais, fora da rede. O

modelo de financiamento inovador permite que as famílias com baixos rendimentos acedam à energia solar sem custos iniciais, melhorando o acesso à energia e a sua acessibilidade.

Desde o seu lançamento, **a M-KOPA** ligou mais de **1 milhão de** agregados familiares na África Oriental a energia limpa e acessível, demonstrando o potencial das soluções do sector privado para promover a justiça energética em regiões carenciadas.

11.2.2. Responsabilidade social das empresas (RSE) e justiça energética

As empresas, particularmente as grandes corporações, estão cada vez mais a incorporar princípios de justiça energética nas suas iniciativas de responsabilidade social empresarial (RSE). Através de programas de RSE, as empresas podem investir em projectos de energias renováveis que dão prioridade ao acesso equitativo e à sustentabilidade ambiental, contribuindo para objectivos sociais e económicos mais amplos.

> **Exemplo**: **A Google**, através do seu **Desafio de Impacto Google.org**, financiou projectos de energias renováveis destinados a combater a pobreza energética. Uma dessas iniciativas apoiou o desenvolvimento de mini-redes de energia solar em zonas remotas da **África Subsariana**, fornecendo energia limpa a comunidades que nunca tinham tido acesso a eletricidade.

De acordo com o **Relatório de Sustentabilidade de 2021 da Google**, as suas iniciativas de RSE no domínio das energias renováveis forneceram energia limpa a mais de **200 000** pessoas em regiões afectadas pela pobreza energética.

11.3 Parcerias público-privadas para a justiça energética

A colaboração entre governos e empresas privadas é fundamental para promover a justiça energética em grande escala. As parcerias público-privadas (PPP) podem aproveitar os pontos fortes de ambos os sectores - supervisão governamental e eficiência do sector privado - para fornecer soluções energéticas sustentáveis às populações marginalizadas.

11.3.1 Cooperativas de energias renováveis e modelos de propriedade comunitária

Uma abordagem inovadora à colaboração público-privada é a criação de cooperativas de energia renovável e de sistemas de energia detidos pela comunidade. Estes modelos permitem que as comunidades locais sejam proprietárias e giram a sua produção de energia, assegurando que os benefícios das energias renováveis, como a redução dos custos e a criação de emprego local, sejam diretamente sentidos pelos mais necessitados.

> **Exemplo**: Na **Dinamarca**, mais de **50%** da energia eólica do país é produzida por cooperativas e projectos de propriedade comunitária. O governo dinamarquês tem apoiado estas iniciativas através de políticas fiscais favoráveis e oferecendo subsídios às comunidades locais para o desenvolvimento de energias renováveis.

De acordo com a **Aliança Cooperativa Internacional**, os projectos comunitários de energias renováveis na Dinamarca pouparam às comunidades locais cerca de **100 milhões de euros** por ano em custos de energia, criando simultaneamente milhares de empregos locais.

11.3.2. Empresas comuns para o desenvolvimento de energias renováveis nos países em desenvolvimento

Nos países em desenvolvimento, as parcerias público-privadas podem fornecer o financiamento e os conhecimentos técnicos necessários para construir projectos de energias renováveis em grande escala. Estas parcerias envolvem frequentemente governos, organizações internacionais e empresas privadas que trabalham em conjunto para expandir o acesso à energia em regiões carenciadas.

> **Exemplo**: A **Iniciativa Africana para as Energias Renováveis (AREI)** é uma parceria público-privada que visa fornecer **300 gigawatts** de capacidade de energia renovável em África até 2030. A AREI já facilitou vários projectos solares e eólicos de grande escala em países como **a Etiópia** e **Marrocos**, levando energia limpa a milhões de pessoas.

> **O Banco Mundial** estima que as parcerias público-privadas no domínio das energias renováveis poderão fornecer eletricidade a mais de **250 milhões de**

pessoas em África até 2030, melhorando drasticamente o acesso à energia e reduzindo a pobreza em todo o continente.

11.4. Considerações éticas sobre o envolvimento do sector privado

À medida que o sector privado se envolve mais na transição para as energias renováveis, as considerações éticas devem estar na vanguarda dos processos de tomada de decisão. As empresas devem garantir que os seus projectos de energias renováveis não exploram populações vulneráveis ou danificam os ecossistemas e que contribuem positivamente para os objectivos de justiça energética.

11.4.1 Evitar práticas de exploração em projectos de energias renováveis

Em alguns casos, os projectos de energias renováveis - em particular os parques eólicos e solares de grande escala - têm sido criticados por deslocarem comunidades locais ou danificarem ecossistemas. Para evitar estes problemas, as empresas privadas devem realizar avaliações exaustivas do impacto ambiental e social antes de iniciarem qualquer projeto de energias renováveis, especialmente nos países em desenvolvimento.

> **Exemplo**: No **México**, o desenvolvimento da energia eólica na região **do Istmo de Tehuantepec** tem sido controverso devido a relatos de expropriação de terras e impactos negativos nas comunidades indígenas locais. Em resposta, várias empresas envolvidas no projeto comprometeram-se a reforçar os processos de consulta e estão a trabalhar com os líderes locais para garantir uma compensação justa e benefícios para a comunidade.

Um estudo da **International Finance Corporation (IFC)** concluiu que os projectos de energias renováveis que incluem a participação da comunidade e processos de compensação justos têm **35%** mais probabilidades de atingir os objectivos de sustentabilidade a longo prazo.

11.4.2. Defesa dos direitos humanos na cadeia de abastecimento das energias renováveis

À medida que cresce a procura de tecnologias de energias renováveis, aumenta também a necessidade de minerais essenciais como o lítio, o cobalto e os elementos de terras raras. Infelizmente, a extração destes minerais está frequentemente associada a violações dos direitos humanos, incluindo o trabalho infantil e condições de trabalho inseguras. É fundamental que as empresas privadas respeitem normas éticas rigorosas ao longo das suas cadeias de abastecimento para garantir que a transição para as energias renováveis não se faça à custa da dignidade humana.

> **Exemplo**: Vários dos principais fabricantes de painéis solares, incluindo **a First Solar** e **a SunPower**, adoptaram o **Compromisso de Responsabilidade Ambiental e Social da Indústria Solar**, que estabelece normas para o fornecimento responsável de materiais, práticas laborais justas e minimização dos impactos ambientais em toda a cadeia de fornecimento.

De acordo com a **OCDE**, mais de **60%** do cobalto mundial provém da **República Democrática do Congo**, onde prevalece o trabalho infantil e condições de trabalho perigosas. As iniciativas de abastecimento responsável têm o potencial de melhorar os meios de subsistência de mais de **200.000** mineiros na região.

11.5. A intersecção da justiça energética e da justiça climática

A justiça energética e a justiça climática são estruturas interligadas que sublinham a necessidade de um acesso equitativo aos recursos energéticos, ao mesmo tempo que abordam os impactos adversos das alterações climáticas. À medida que o mundo faz a transição para as energias renováveis, é essencial reconhecer que os benefícios e os encargos desta transição devem ser distribuídos de forma justa, particularmente para as comunidades que historicamente suportaram o peso da degradação ambiental e da pobreza energética.

11.5.1 Compreender a justiça climática no contexto da transição energética

A justiça climática afirma que os impactos negativos das alterações climáticas afectam desproporcionadamente as populações marginalizadas e vulneráveis, que muitas vezes têm menos capacidade para se adaptarem a estas alterações. A relação entre a produção e o consumo de energia e as alterações climáticas sublinha a importância de integrar os princípios da justiça energética nas estratégias de ação climática.

11.5.1.1. Impactos desproporcionados das alterações climáticas nas comunidades vulneráveis

As comunidades com baixos rendimentos, os povos indígenas e as comunidades de cor enfrentam frequentemente os maiores riscos das alterações climáticas. Os fenómenos meteorológicos extremos, a subida do nível do mar e a diminuição da qualidade do ar podem exacerbar as desigualdades sociais e económicas existentes, conduzindo a disparidades na saúde, deslocações e aumento dos custos energéticos.

Exemplo: Em **Nova Orleães**, as consequências do furacão Katrina afectaram desproporcionadamente os bairros de baixos rendimentos, muitos dos quais já se debatiam com a insegurança energética. A catástrofe realçou a necessidade de resiliência climática e justiça energética nos esforços de recuperação de catástrofes, sublinhando que as comunidades marginalizadas devem ter prioridade nas iniciativas de reconstrução e adaptação.

De acordo com a **Administração Nacional Oceânica e Atmosférica (NOAA)**, os agregados familiares com baixos rendimentos têm **50%** mais probabilidades de serem gravemente afectados por catástrofes relacionadas com o clima do que os agregados familiares mais ricos, o que sublinha ainda mais a urgência de abordar a justiça energética a par da justiça climática.

11.5.1.2. Contexto histórico da produção de energia e das alterações climáticas

Historicamente, a extração e o consumo de combustíveis fósseis têm contribuído significativamente para as alterações climáticas, afectando de forma desproporcionada as comunidades que suportam o fardo ambiental da poluição e do esgotamento dos recursos. À medida que o mundo faz a transição para as energias renováveis, é crucial garantir que estas comunidades sejam incluídas nos processos de tomada de decisão e beneficiem da economia das energias limpas.

Exemplo: A oposição da **tribo Standing Rock Sioux** ao oleoduto Dakota Access ilustrou a luta mais alargada pela justiça ambiental entre as comunidades indígenas. O oleoduto ameaçava o seu abastecimento de água e as suas terras ancestrais, contribuindo simultaneamente para as alterações climáticas. O movimento atraiu a atenção nacional, destacando a intersecção da justiça energética e dos direitos indígenas na luta contra as infra-estruturas de combustíveis fósseis.

Uma investigação do **Environmental Defense Fund** concluiu que as comunidades indígenas estão expostas a níveis **50%** mais elevados de poluentes tóxicos provenientes das operações com combustíveis fósseis do que a população em geral, o que sublinha a necessidade urgente de transições energéticas equitativas que dêem prioridade a estas comunidades.

11.5.2. Integrar a justiça energética na ação climática

Para enfrentar eficazmente as alterações climáticas, os decisores políticos devem adotar estratégias integradas que reconheçam as ligações entre a justiça energética e a justiça climática. Isso envolve a promoção de soluções de energia renovável que priorizem o acesso equitativo e capacitem as comunidades marginalizadas a participar da transição energética.

11.5.2.1 Desenvolvimento de políticas climáticas inclusivas

As políticas climáticas devem dar prioridade às necessidades das comunidades desfavorecidas, garantindo que estas têm acesso a recursos de energias renováveis e aos benefícios da ação climática. Isto pode incluir financiamento direcionado para projectos de energias renováveis em bairros de baixos rendimentos, incentivos para actualizações de eficiência energética e apoio a iniciativas lideradas pela comunidade.

> **Exemplo**: O **Green New Deal** nos Estados Unidos defende políticas que dão prioridade à ação climática, ao mesmo tempo que abordam a desigualdade económica. Esta proposta ambiciosa tem como objetivo garantir que as comunidades marginalizadas recebem investimentos equitativos em energias renováveis e formação profissional, capacitando-as para participarem na economia verde.

Um relatório do **Instituto de Política Económica** estima que a transição para uma economia de energia limpa poderá criar **20 milhões de** novos postos de trabalho, sendo que uma parte significativa desses postos se destina a apoiar as comunidades com baixos rendimentos e as comunidades de cor.

11.5.2.2. Promover a resiliência da comunidade através das energias renováveis

As soluções de energia renovável podem aumentar a resistência da comunidade às alterações climáticas, reduzindo a dependência de combustíveis fósseis e promovendo a independência energética. Os sistemas de energia renovável localizados, como as microrredes e os projectos solares comunitários, podem capacitar as comunidades para se encarregarem das suas necessidades energéticas, atenuando simultaneamente os impactos das alterações climáticas.

> **Exemplo**: Em **Porto Rico**, as iniciativas solares lideradas pela comunidade surgiram na sequência do furacão Maria, fornecendo energia fiável a bairros que ficaram às escuras durante meses. Estes projectos não só oferecem uma fonte de energia sustentável, como também promovem um sentimento de resiliência e capacitação da comunidade.

De acordo com a **Agência Internacional para as Energias Renováveis (IRENA)**, os investimentos em energias renováveis podem reduzir a vulnerabilidade aos impactos das alterações climáticas em até **30%** para as comunidades fortemente dependentes dos combustíveis fósseis, salientando os benefícios duplos da justiça energética e da adaptação às alterações climáticas.

11.5.3. O papel dos movimentos sociais na promoção da justiça energética e climática

Os movimentos sociais de base têm sido fundamentais na defesa da justiça energética e da justiça climática, destacando as vozes das comunidades marginalizadas e exigindo mudanças sistémicas para resolver injustiças históricas.

11.5.3.1 Ativismo de base e defesa de causas

As organizações de base desempenham um papel crucial na sensibilização para as intersecções da justiça energética e climática, mobilizando as comunidades para defenderem políticas e práticas equitativas. Esses movimentos enfatizam a importância da inclusão, da sustentabilidade ambiental e do empoderamento da comunidade.

> **Exemplo**: O **Movimento Sunrise**, uma organização liderada por jovens nos Estados Unidos, tem estado na vanguarda da defesa de uma ação climática

que dê prioridade à justiça para as comunidades marginalizadas. As suas campanhas apelam a um Green New Deal que aborde a desigualdade económica e garanta que todas as comunidades tenham acesso a energia limpa.

De acordo com um inquérito realizado pelo **Fórum Americano de Políticas para a Juventude**, mais de **70%** dos jovens acreditam que as alterações climáticas afectam desproporcionadamente as comunidades com baixos rendimentos, o que sublinha a necessidade de soluções integradas que abordem a justiça climática e energética.

11.5.3.2. Solidariedade global e movimentos de colaboração

A luta pela justiça energética e climática não se limita a países individuais; é um movimento global que requer solidariedade e colaboração além-fronteiras. As parcerias e alianças internacionais podem amplificar as vozes locais e partilhar as melhores práticas para alcançar a justiça energética em todo o mundo.

> **Exemplo**: A **Greve Global pelo Clima**, iniciada por jovens activistas de todo o mundo, destacou a interligação entre justiça climática e energética, mobilizando milhões de pessoas para exigir mudanças sistémicas que dêem prioridade à sustentabilidade ambiental e à equidade social.

O movimento **Fridays for Future**, lançado por Greta Thunberg, envolveu milhões de pessoas em todo o mundo no ativismo climático, tendo os participantes registado um aumento **de 90%** na sensibilizaçao para as ligações entre as alterações climáticas e as questões de justiça social, incluindo o acesso à energia.

11.5.4. O caminho a seguir: Integrar a energia e a justiça climática nas políticas

Para avançar, é essencial incorporar os princípios da justiça energética nas políticas climáticas a todos os níveis de governação. Para tal, é necessário um empenhamento na tomada de decisões inclusiva, na atribuição equitativa de recursos e na responsabilização pelos impactos da produção e do consumo de energia.

11.5.4.1 Recomendações políticas para a integração

Para integrar efetivamente a justiça energética e climática, os decisores políticos devem

1. **Adotar um quadro de transição justa**: Desenvolver políticas que garantam que os trabalhadores e as comunidades dependentes dos combustíveis fósseis recebam apoio durante a transição para as energias renováveis.

2. **Estabelecer métricas de equidade**: Implementar métricas para avaliar a equidade das políticas e projectos energéticos, assegurando que as comunidades marginalizadas recebem benefícios proporcionais.

3. **Promover o envolvimento inclusivo das partes interessadas**: Garantir que as vozes da comunidade, particularmente de grupos marginalizados, sejam incluídas nos processos de tomada de decisão sobre energia e clima.

4. **Aumentar o financiamento de iniciativas lideradas pela comunidade**: Atribuir financiamento público e privado a projectos de energias renováveis liderados pela comunidade que dêem prioridade ao acesso à energia por parte das populações desfavorecidas.

Exemplo: A **Convenção-Quadro das Nações Unidas sobre Alterações Climáticas (CQNUAC)** sublinha a importância de integrar a equidade social na ação climática através do **Acordo de Paris**, apelando ao envolvimento das comunidades vulneráveis nos processos de tomada de decisão relacionados com o clima.

De acordo com um relatório do **Programa das Nações Unidas para o Desenvolvimento (PNUD)**, os países que envolvem ativamente as comunidades locais no planeamento climático têm **50%** mais probabilidades de atingir os seus objectivos climáticos, promovendo simultaneamente a justiça energética.

12. Estudos de caso em matéria de justiça energética

A análise de estudos de casos de sucesso em matéria de justiça energética fornece informações valiosas sobre as estratégias e práticas que promovem efetivamente o acesso equitativo às energias renováveis. Esta secção destaca iniciativas notáveis de várias regiões, ilustrando as diversas abordagens para lidar com as disparidades energéticas e promover a capacitação da comunidade.

Figura 8: projectos centrados no fornecimento de energia solar a comunidades que não estão ligadas à rede principal de energia, utilizando tecnologias como sistemas solares domésticos e sistemas de micro-redes.

12.1 A indústria solar africana: Capacitação das comunidades rurais

Em muitos países africanos, o acesso a eletricidade fiável continua a ser um desafio significativo, particularmente nas zonas rurais. No entanto, surgiram iniciativas inovadoras de energia solar para capacitar estas comunidades, demonstrando o potencial das energias renováveis para melhorar os meios de subsistência e promover o desenvolvimento económico.

A. Sistemas solares domésticos no Quénia

No Quénia, a iniciativa **M-KOPA Solar** revolucionou o acesso à eletricidade nas zonas rurais através de sistemas solares domésticos pagos. Ao fornecer soluções solares acessíveis, a M-KOPA permitiu que mais de **1 milhão de** famílias tivessem acesso a energia limpa, melhorando a sua qualidade de vida e oportunidades económicas.

Principais resultados:

- **Aumento do rendimento**: Os agregados familiares que utilizam energia solar relatam um aumento dos rendimentos devido à poupança nos custos de energia e à capacidade de se envolverem em actividades produtivas depois de escurecer, como a gestão de pequenos negócios.

- **Melhorias na saúde**: O acesso a iluminação limpa reduz a dependência de lâmpadas de querosene, resultando numa melhor qualidade do ar interior e em melhores resultados para a saúde das famílias.

B. Os benefícios das soluções energéticas descentralizadas

O sucesso da M-KOPA ilustra o potencial das soluções energéticas descentralizadas para capacitar as comunidades rurais. Ao aproveitar a tecnologia solar, estas iniciativas promovem a independência económica e aumentam a resistência aos impactos das alterações climáticas.

12.2. Iniciativas solares comunitárias nos Estados Unidos

Nos Estados Unidos, os projectos solares comunitários estão a ganhar força como forma de promover a justiça energética e expandir o acesso às energias renováveis. Estas iniciativas permitem que as pessoas, em especial as que não podem instalar painéis solares nas suas propriedades, beneficiem de sistemas de energia solar partilhados.

A. O programa solar comunitário em Massachusetts

Massachusetts implementou um programa solar comunitário robusto que incentiva o desenvolvimento de projectos solares em comunidades carenciadas. O programa **Solar Massachusetts Renewable Target (SMART)** do estado oferece incentivos para projectos solares comunitários que servem agregados familiares com baixos rendimentos.

Principais resultados:

- **Aumento da participação**: O programa facilitou a instalação de mais de **200 MW** de capacidade solar comunitária, proporcionando acesso a energia limpa a mais de **30.000** residentes com baixos rendimentos.

- **Benefícios económicos**: Os participantes em projectos comunitários de energia solar poupam frequentemente nas suas contas de eletricidade, melhorando a sua estabilidade financeira.

B. Capacitação das comunidades locais

As iniciativas solares comunitárias não só proporcionam benefícios financeiros, como também dão poder às comunidades locais, envolvendo os residentes nos processos de tomada de decisões. Esta abordagem participativa promove um sentido de propriedade e responsabilidade pelos recursos energéticos locais.

12.3. Cooperativas de energias renováveis na Europa

As cooperativas de energia renovável surgiram como um modelo poderoso para promover a justiça energética na Europa. Estas cooperativas permitem que os membros da comunidade invistam e gerem coletivamente projectos de energias renováveis, garantindo que os benefícios das energias limpas são partilhados de forma equitativa.

A. O movimento das cooperativas de energia na Alemanha

Na Alemanha, existem numerosas cooperativas de energias renováveis que permitem às comunidades locais assumir o controlo do seu aprovisionamento energético. O movimento **Energiewende** (transição energética) incentivou os cidadãos a investir em fontes de energia renováveis, como a eólica e a solar.

Principais resultados:

- **Propriedade local**: Na Alemanha, foram criadas mais de **1500** cooperativas de energia, permitindo aos cidadãos possuir e explorar coletivamente projectos de energias renováveis.

- **Criação de emprego**: Estas cooperativas criaram milhares de postos de trabalho nas comunidades locais, contribuindo para o desenvolvimento económico e a sustentabilidade.

B. O papel do apoio político

O sucesso das cooperativas de energias renováveis na Alemanha pode ser atribuído a políticas de apoio, incluindo tarifas de alimentação e incentivos fiscais, que encorajam o investimento comunitário em energias renováveis.

12.4. Projectos de energias renováveis de iniciativa indígena

As comunidades indígenas de todo o mundo estão a liderar cada vez mais iniciativas de energias renováveis que dão prioridade à justiça energética e à autodeterminação. Estes projectos centram-se frequentemente em soluções de energia sustentável que se alinham com os valores e práticas tradicionais.

A. O projeto de energia Kivalliq no Canadá

Na região de Kivalliq, no Canadá, as comunidades indígenas estão a trabalhar em conjunto para desenvolver projectos de energias renováveis que reduzam a dependência do gasóleo. A **Associação Inuit de Kivalliq** iniciou um plano de transição para fontes de energia solar e eólica.

Principais resultados:

- **Benefícios ambientais**: Ao mudar para as energias renováveis, a região de Kivalliq pretende reduzir as emissões de gases com efeito de estufa e proteger os ecossistemas locais.

- **Capacitação da comunidade**: Os líderes indígenas e os membros da comunidade estão ativamente envolvidos no planeamento e na implementação do projeto, assegurando que as iniciativas reflectem as suas necessidades e valores.

B. Relevância cultural das soluções energéticas

Os projectos liderados por indígenas sublinham a importância de soluções energéticas culturalmente relevantes que respeitem os conhecimentos e práticas tradicionais. Esta abordagem promove o orgulho da comunidade e a apropriação dos recursos energéticos renováveis.

13. Direcções futuras para a investigação e a prática da justiça energética

À medida que o panorama energético global continua a evoluir, a busca da justiça energética exigirá investigação contínua, práticas inovadoras e esforços de colaboração entre as partes interessadas. Esta secção destaca as tendências emergentes, os desafios e as oportunidades em matéria de justiça energética, delineando áreas para investigação futura e aplicações práticas.

13.1 Integração da justiça energética na política climática

13.1.1 Resiliência climática e justiça energética

A intersecção da resiliência climática e da justiça energética é uma área crítica para investigação futura. À medida que os impactos das alterações climáticas se intensificam, é essencial examinar de que forma a justiça energética pode informar as estratégias de adaptação climática e garantir que as comunidades vulneráveis têm prioridade no planeamento da resiliência climática.

Oportunidade: Conduzir investigação que analise a eficácia das políticas de adaptação climática na promoção da justiça energética, com enfoque nas comunidades marginalizadas que são desproporcionadamente afectadas pelas alterações climáticas.

13.1.2 Quadros de justiça climática

O desenvolvimento de quadros que integrem explicitamente a justiça energética em debates mais alargados sobre justiça climática pode facilitar uma compreensão mais abrangente da interligação das questões sociais e ambientais. Estes quadros podem orientar os decisores políticos na abordagem das desigualdades sistémicas no âmbito das políticas climáticas.

Recomendação: Defender a inclusão de princípios de justiça energética nos acordos climáticos nacionais e internacionais, garantindo que as vozes das comunidades marginalizadas sejam representadas nas discussões sobre a ação climática.

13.2 Inovações tecnológicas para a equidade energética

13.2.1 Tecnologias emergentes de energias renováveis

A investigação futura deve centrar-se no desenvolvimento e na implantação de tecnologias emergentes de energias renováveis que possam melhorar o acesso à energia por parte de comunidades carenciadas. As inovações nas tecnologias solar, eólica e de armazenamento de energia apresentam oportunidades para soluções escaláveis que dão prioridade à equidade.

Exemplo: Investigar o potencial de painéis solares flutuantes em comunidades costeiras que enfrentam restrições de terra, explorando a sua viabilidade e benefícios para o acesso local à energia.

13.2.2 Tecnologias digitais e acesso à energia

A integração de tecnologias digitais, como contadores inteligentes e sistemas de gestão de energia, pode melhorar o acesso e a eficiência energética. A investigação deve explorar a forma como estas tecnologias podem ser implementadas em comunidades de baixos rendimentos para promover uma utilização equitativa da energia.

Oportunidade: Examinar os obstáculos à adoção da tecnologia digital em comunidades marginalizadas e identificar estratégias para aumentar a acessibilidade e a acessibilidade económica.

13.3 Iniciativas lideradas pela comunidade e empoderamento

13.3.1 Aumentar a escala dos projectos de energia comunitária

A investigação sobre a expansão de projectos energéticos liderados pela comunidade pode fornecer informações sobre modelos eficazes para promover a justiça energética. Compreender os factores que contribuem para iniciativas comunitárias bem sucedidas pode informar as melhores práticas e apoiar a replicação de projectos bem sucedidos noutras regiões.

Exemplo: Realizar estudos de caso de projectos solares comunitários bem sucedidos em diversos contextos, analisando os elementos-chave que levaram ao seu sucesso e identificando potenciais desafios.

13.3.2 Capacitar a liderança local

Estudos futuros devem explorar a importância da liderança local na condução de iniciativas de justiça energética. A investigação pode centrar-se na identificação de estratégias para desenvolver a capacidade de liderança nas comunidades marginalizadas, capacitando os residentes para defenderem as suas necessidades energéticas.

Recomendação: Desenvolver programas de formação que dotem os membros da comunidade das competências e conhecimentos necessários para liderar iniciativas locais no domínio da energia, promovendo um sentido de propriedade e de agência.

13.4 Inovações políticas e defesa de interesses

13.4.1. Desenvolvimento colaborativo de políticas

A pesquisa futura deve enfatizar os processos de desenvolvimento de políticas colaborativas que envolvem diversas partes interessadas nas discussões sobre justiça energética. Ao incorporar as perspetivas das comunidades marginalizadas, os decisores políticos podem criar políticas energéticas mais eficazes e inclusivas.

Oportunidade: Investigar modelos bem sucedidos de desenvolvimento de políticas de colaboração no sector da energia, identificando as melhores práticas e lições aprendidas para iniciativas futuras.

13.4.2 Defesa da equidade na transição energética

A investigação sobre estratégias de sensibilização para promover a equidade na transição energética pode fornecer informações sobre abordagens eficazes para mobilizar o apoio a iniciativas de justiça energética. A compreensão do papel dos movimentos e coligações de base pode informar os esforços de sensibilização a nível local, estatal e nacional.

Exemplo: Analisar o impacto das campanhas de advocacia de base na definição dos resultados da política energética, destacando estratégias bem sucedidas para envolver as comunidades no processo de elaboração de políticas.

13.5 Medir o progresso no sentido da justiça energética

13.5.1 Desenvolvimento de métricas de capital próprio

O estabelecimento de métricas para medir o progresso em direção à justiça energética é essencial para avaliar a eficácia das políticas e iniciativas. A investigação futura deve centrar-se no desenvolvimento de métricas de equidade abrangentes que avaliem o acesso à energia, a sua acessibilidade e a participação em projectos de energias renováveis.

Recomendação: Colaborar com investigadores e profissionais para criar um conjunto normalizado de indicadores de equidade que possam ser utilizados para acompanhar o progresso e informar as decisões políticas.

13.5.2 Abordagens de avaliação com base na comunidade

As abordagens de avaliação baseadas na comunidade podem capacitar os residentes para avaliar o impacto das iniciativas energéticas nas suas comunidades. A investigação futura deve explorar a eficácia dos métodos de avaliação participativa para medir os resultados da justiça energética.

Exemplo: Realizar estudos que analisem os benefícios das avaliações conduzidas pela comunidade em projectos de energia, destacando a importância do conhecimento e das perspectivas locais na definição dos resultados do projeto.

14. Conclusão

A transição para as energias renováveis representa uma oportunidade única para abordar questões de longa data de desigualdade e injustiça no acesso à energia. À medida que as comunidades de todo o mundo se esforçam por combater as alterações climáticas e avançar para um futuro sustentável, é imperativo garantir que esta transição seja equitativa e inclusiva. Este artigo explorou as dimensões multifacetadas da justiça energética, destacando a importância de equilibrar a mitigação das alterações climáticas com o acesso equitativo a recursos energéticos limpos.

14.1 Principais conclusões

1. **Disparidades no acesso à energia**: Existem disparidades significativas no acesso à energia a nível mundial, particularmente entre as comunidades de baixo rendimento e marginalizadas. Estas disparidades não só têm impacto na qualidade de vida, como também dificultam as oportunidades económicas e os resultados em termos de saúde.

2. **Capacitação da comunidade**: Os estudos de casos bem sucedidos demonstram que as iniciativas lideradas pela comunidade, como as cooperativas solares e os projectos de energia participativos, podem resolver eficazmente as disparidades no acesso à energia, ao mesmo tempo que capacitam os residentes para assumirem o controlo do seu futuro energético.

3. **Estruturas de Políticas**: A implementação de políticas energéticas inclusivas que dão prioridade às comunidades marginalizadas é essencial para promover a justiça energética. Programas específicos, incentivos financeiros e envolvimento da comunidade são componentes críticos de estruturas políticas eficazes.

4. **Inovações tecnológicas**: As tecnologias emergentes oferecem soluções prometedoras para melhorar o acesso à energia. Ao integrar as tecnologias digitais e ao apoiar a investigação e o desenvolvimento, as partes interessadas podem promover um acesso equitativo às fontes de energia renováveis.

5. **Direcções futuras**: São necessários esforços contínuos de investigação e defesa para promover a justiça energética. O desenvolvimento de políticas colaborativas, a capacitação da comunidade e o estabelecimento de métricas para medir o progresso são vitais para criar um cenário energético mais justo e sustentável.

14.2 Reflexões finais

O caminho para a justiça energética não está isento de desafios, mas os benefícios potenciais são profundos. Garantir que todas as comunidades, especialmente as historicamente marginalizadas, tenham acesso equitativo à energia renovável não é apenas uma questão de justiça social, mas também um passo crucial na construção de sociedades resilientes e sustentáveis.

À medida que avançamos, é essencial que os decisores políticos, investigadores, líderes comunitários e defensores colaborem e inovem, promovendo um compromisso coletivo para com a justiça energética. Ao dar prioridade às necessidades das populações mais vulneráveis, podemos criar um futuro em que a energia limpa seja acessível a todos, contribuindo para um planeta mais saudável e uma sociedade mais equitativa.

14.3 Apelo à ação

Este é um apelo à ação para todas as partes interessadas envolvidas na transição energética. Vamos trabalhar em conjunto para desmantelar as barreiras ao acesso à energia, defender políticas inclusivas e capacitar as comunidades para assumirem o controlo do seu futuro energético. A jornada em direção à justiça energética é uma responsabilidade partilhada e começa com cada um de nós a tomar medidas significativas para promover a equidade no panorama das energias renováveis.

Referências

1. **Agyeman, J., Bullard, R. D., & Evans, B.** (2003). *Just Sustainabilities: Development in an Unequal World*. MIT Press.

2. **Baker, S.** (2018). *Poder Revolucionário: Um Guia do Ativista para a Transição Energética*. A Nova Imprensa.

3. **Berkeley, J., & Peters, J.** (2020). O papel da energia solar comunitária na equidade energética: A Case Study of the California Solar Initiative. *Política Energética*, 138, 111-118.

4. **Borenstein, S.** (2016). A economia privada e pública da geração de energia renovável. *Journal of Economic Perspectives*, 30(4), 89-114.

5. **IPCC.** (2021). *Climate Change 2021: The Physical Science Basis*. Cambridge University Press.

6. **Mastrorillo, M., et al.** (2016). *Acesso à energia e desenvolvimento: A Systematic Review of Literature. Environmental Research Letters*, 11(12), 123001.

7. **Miller, C., & Spalding, R.** (2019). Justiça energética: Uma revisão crítica da literatura. *Renewable and Sustainable Energy Reviews*, 109, 158-171.

8. **Pérez, R., et al.** (2018). Equidade nas transições energéticas: Insights from the US Energy Setor. *Investigação em Energia e Ciências Sociais*, 46, 1-11.

9. **Rogers, J., & Haggerty, B.** (2020). Barreiras ao acesso à energia limpa em comunidades de baixa renda: A Review of the Literature. *Renewable Energy*, 147, 368-375.

10. **Sovacool, B. K.** (2013). Pobreza energética: Poverty, Energy, and Global Justice. *Jornal de Assuntos Internacionais*, 66(1), 9-25.

11. **Nações Unidas**. (2015). *Transformando o nosso mundo: A Agenda 2030 para o Desenvolvimento Sustentável*. Nações Unidas.

12. **Zahnd, A., & Hoen, B.** (2021). Solar comunitário e justiça energética: Um estudo comparativo. *Sustainability*, 13(3), 1358.

Printed by Books on Demand GmbH, Norderstedt / Germany